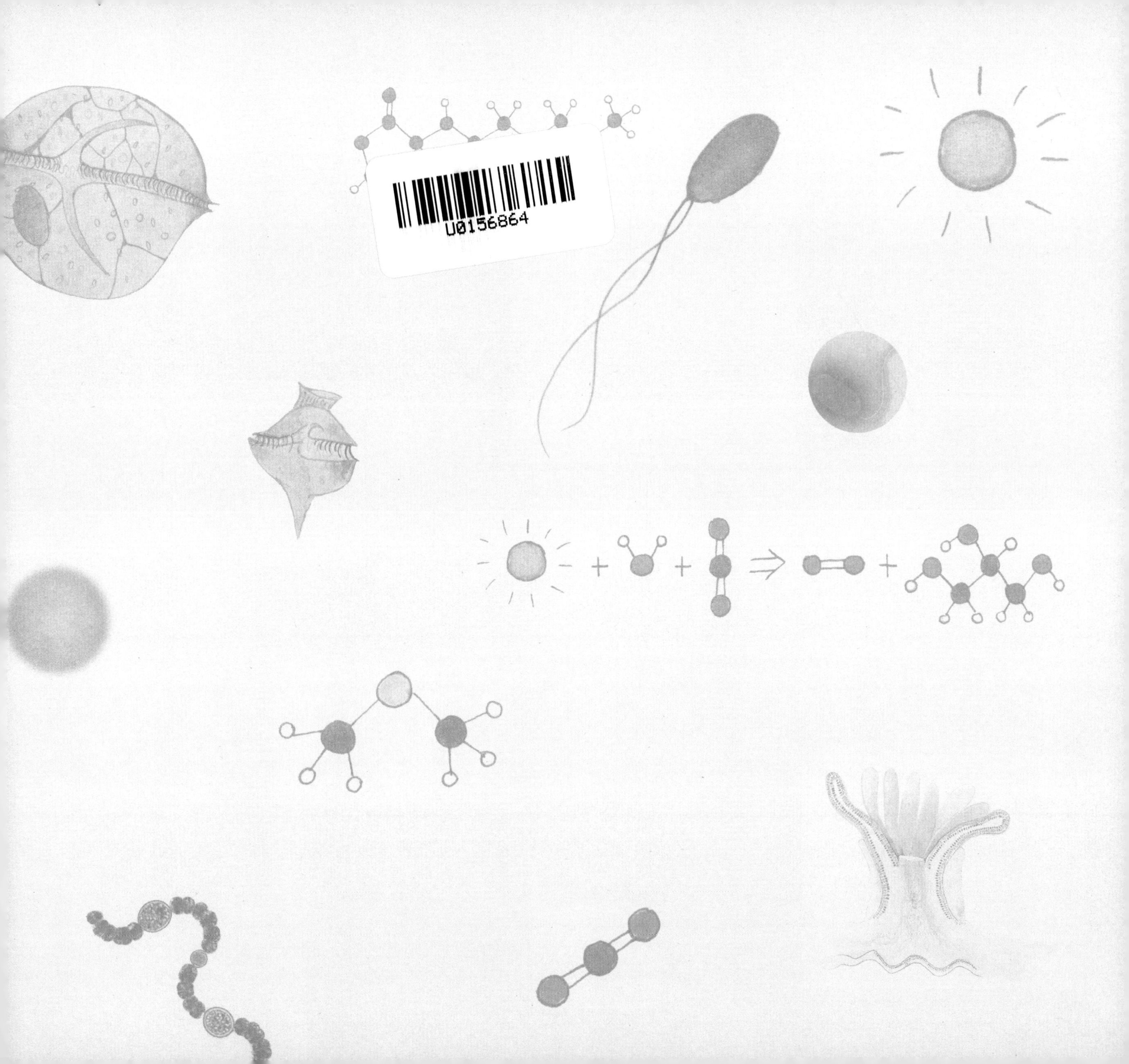

我的微生物朋友

珊瑚的世界

[澳]艾尔莎·怀尔德 著　[澳]阿维娃·里德 绘　兆新 译

[澳]布里奥妮·巴尔　[澳]格里高利·克罗塞蒂 联合策划

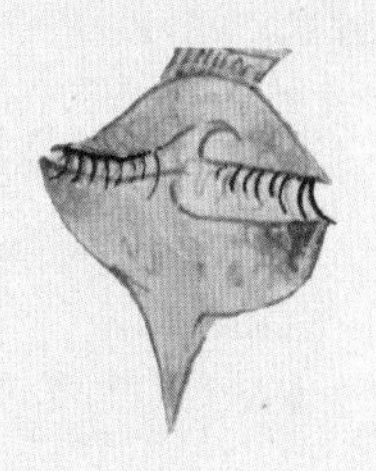

中国水利水电出版社
www.waterpub.com.cn
·北京·

内 容 提 要

本书通过生活在珊瑚中的微生物如何拯救珊瑚的故事，讲述了微生物和更大的生命形式之间的共生关系，让孩子轻松了解珊瑚中微生物的知识，学会合作和分享，爱护自然，让地球成为更适合生命居住的快乐地方。

图书在版编目（CIP）数据

我的微生物朋友. 珊瑚的世界 / （澳）艾尔莎·怀尔德著 ; （澳）阿维娃·里德绘 ; 兆新译. -- 北京 : 中国水利水电出版社, 2020.6（2021.10重印）
ISBN 978-7-5170-8637-6

Ⅰ. ①我… Ⅱ. ①艾… ②阿… ③兆… Ⅲ. ①微生物—儿童读物 Ⅳ. ①Q939-49

中国版本图书馆CIP数据核字(2020)第106355号

Zobi and the Zoox: A Story of Coral Bleaching:

北京市版权局著作权合同登记号为：图字 01-2020-2887

书　名	我的微生物朋友　珊瑚的世界 WO DE WEISHENGWU PENGYOU　SHANHU DE SHIJIE
作　者	[澳]艾尔莎·怀尔德 著　[澳]阿维娃·里德 绘　兆新 译 [澳]布里奥妮·巴尔　[澳]格里高利·克罗塞蒂 联合策划
出版发行	中国水利水电出版社 （北京市海淀区玉渊潭南路1号D座　100038） 网址：www.waterpub.com.cn E-mail：sales@waterpub.com.cn 电话：（010）68367658（营销中心）
经　售	北京科水图书销售中心（零售） 电话：（010）88383994、63202643、68545874 全国各地新华书店和相关出版物销售网点
排　版	北京水利万物传媒有限公司
印　刷	郎翔印刷（天津）有限公司
规　格	250mm×220mm　12开本　4.5印张　29千字
版　次	2020年6月第1版　2021年10月第2次印刷
定　价	49.80元

共生现象

两种不同的生物共同生活在一起，密切关联，互相依赖。倘若彼此分开，双方或其中一方就无法生存。

在过去的40多亿年里，微生物将地球塑造成了我们现在所熟悉和热爱的家园。这个生物圈里，有多种多样的生物，也有多种多样的地质条件，丰富极了。

通过一系列的共生体，微生物与地球上所有类型的生命合作，当然也有人类。大家一起创造了一个崭新的自然世界。虽然有的共生关系会造成一定的伤害，但大多数是有益的。

生命通过竞争得以进化，只是故事的一部分。其实啊，生命更多的是靠合作。

这本书的创作得到了澳大利亚微生物学会的支持

谨以此书献给澳大利亚诗人朱迪思·赖特（1915—2000）
她曾与艺术家、社会活动家和生态学家合作保护大堡礁

故事发生在一只珊瑚虫的身体里，

他的个头儿和图片上一样大。

在围绕着太阳运转的，

一颗蓝色的小星球上，

一片蔚蓝的大海里，

海底边缘一块凸起的岩石上……

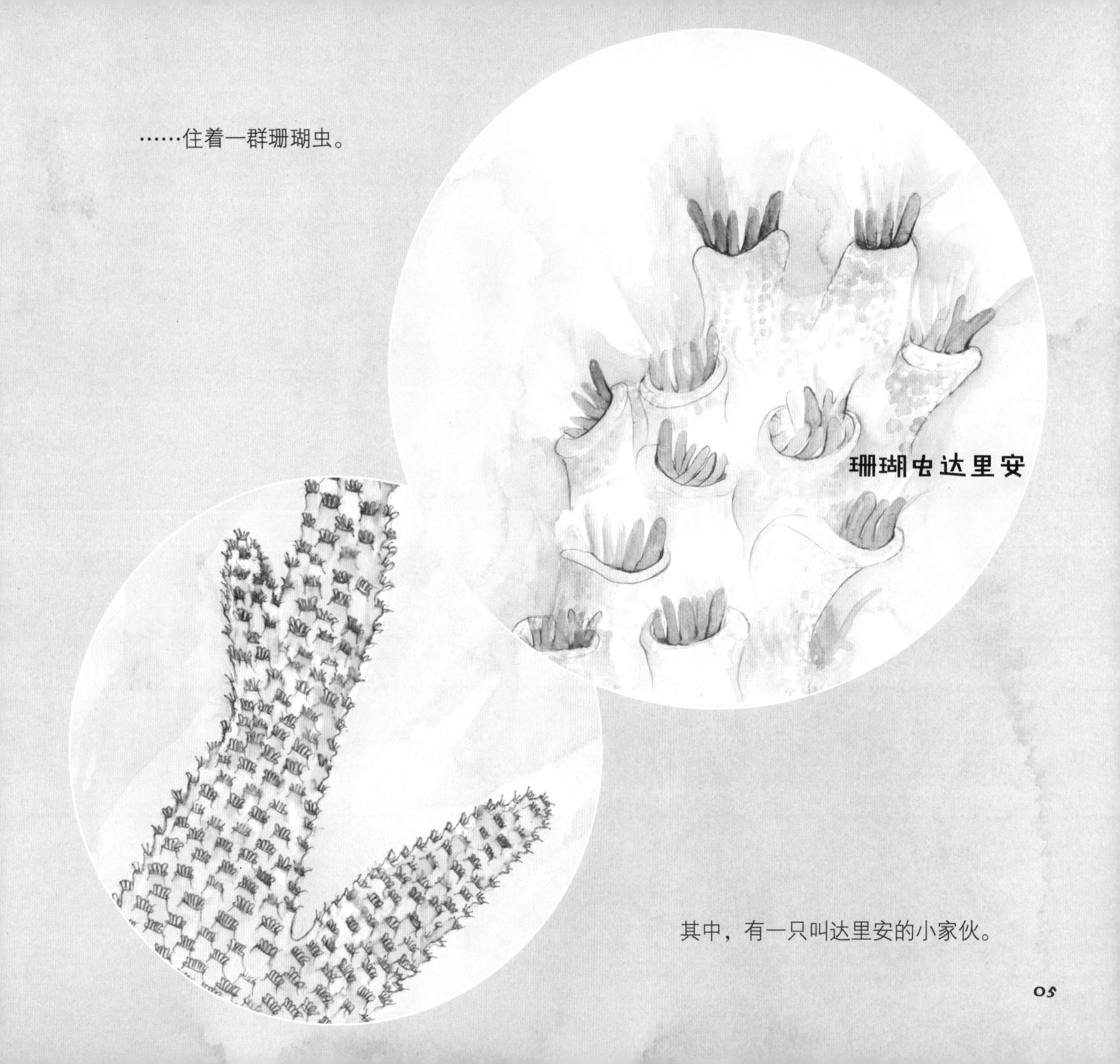
……住着一群珊瑚虫。
珊瑚虫达里安
其中，有一只叫达里安的小家伙。

达里安正在一层又一层地建造珊瑚礁，

就像他的族群几百年来所做的那样。

数以万亿计的微生物，

住在达里安的体内。

他们通常一起工作，

快乐地忙碌着。

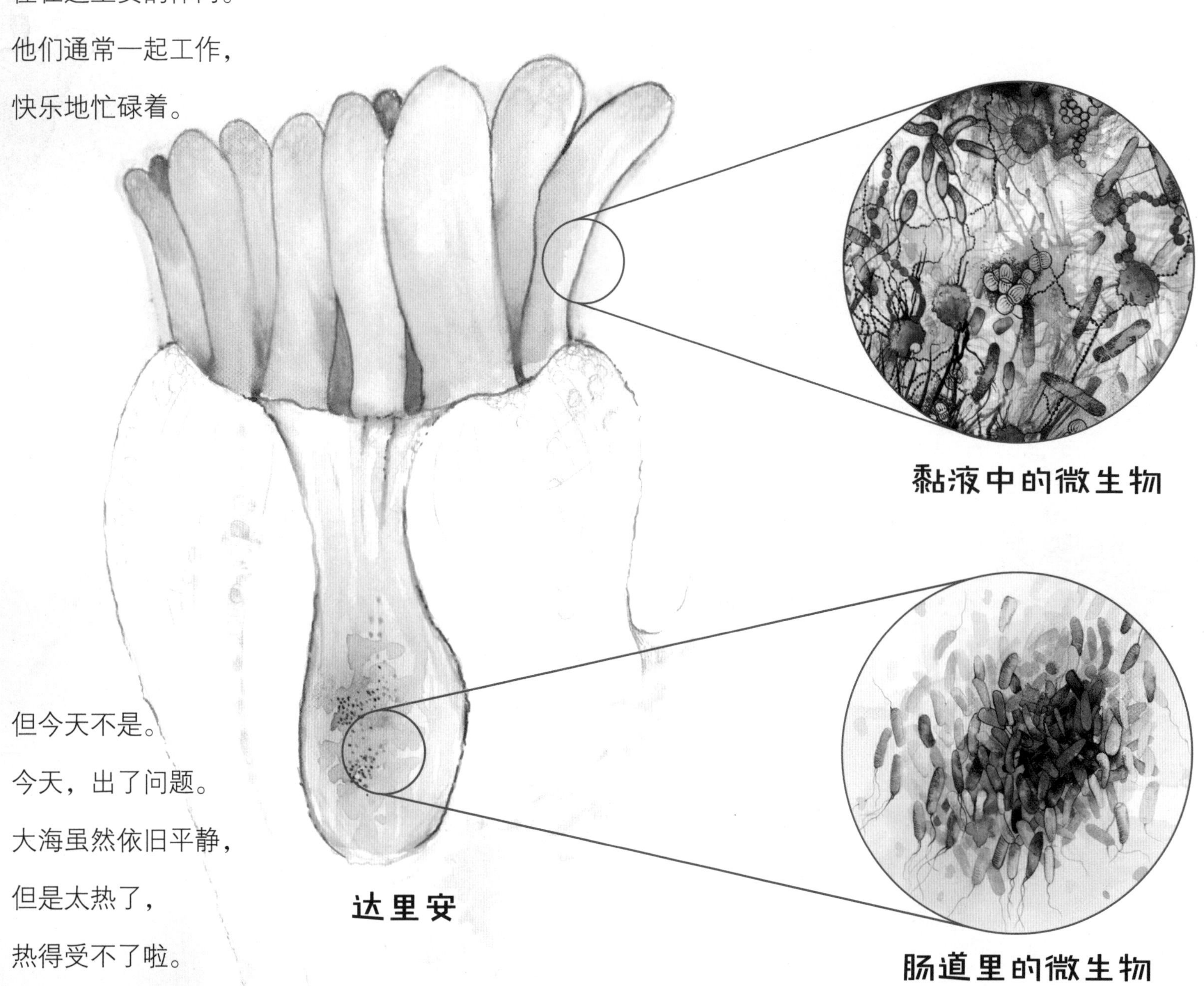

但今天不是。

今天，出了问题。

大海虽然依旧平静，

但是太热了，

热得受不了啦。

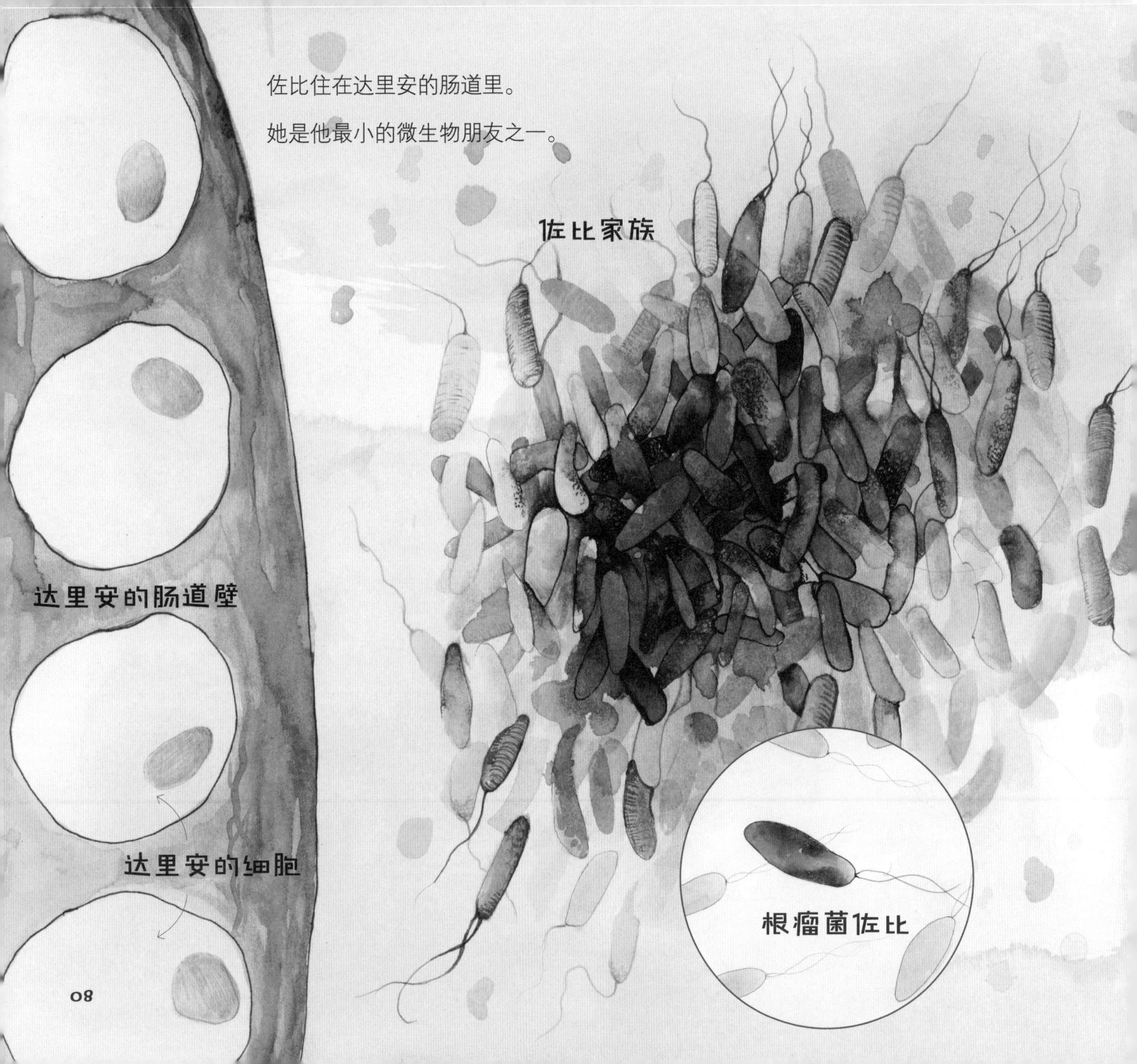
佐比住在达里安的肠道里。
她是他最小的微生物朋友之一。
佐比家族
达里安的肠道壁
达里安的细胞
根瘤菌佐比

佐比和她的细菌家族，

正在为达里安制造食物——氨。

她拿来一些氮气分子，

然后加上一些氢离子。

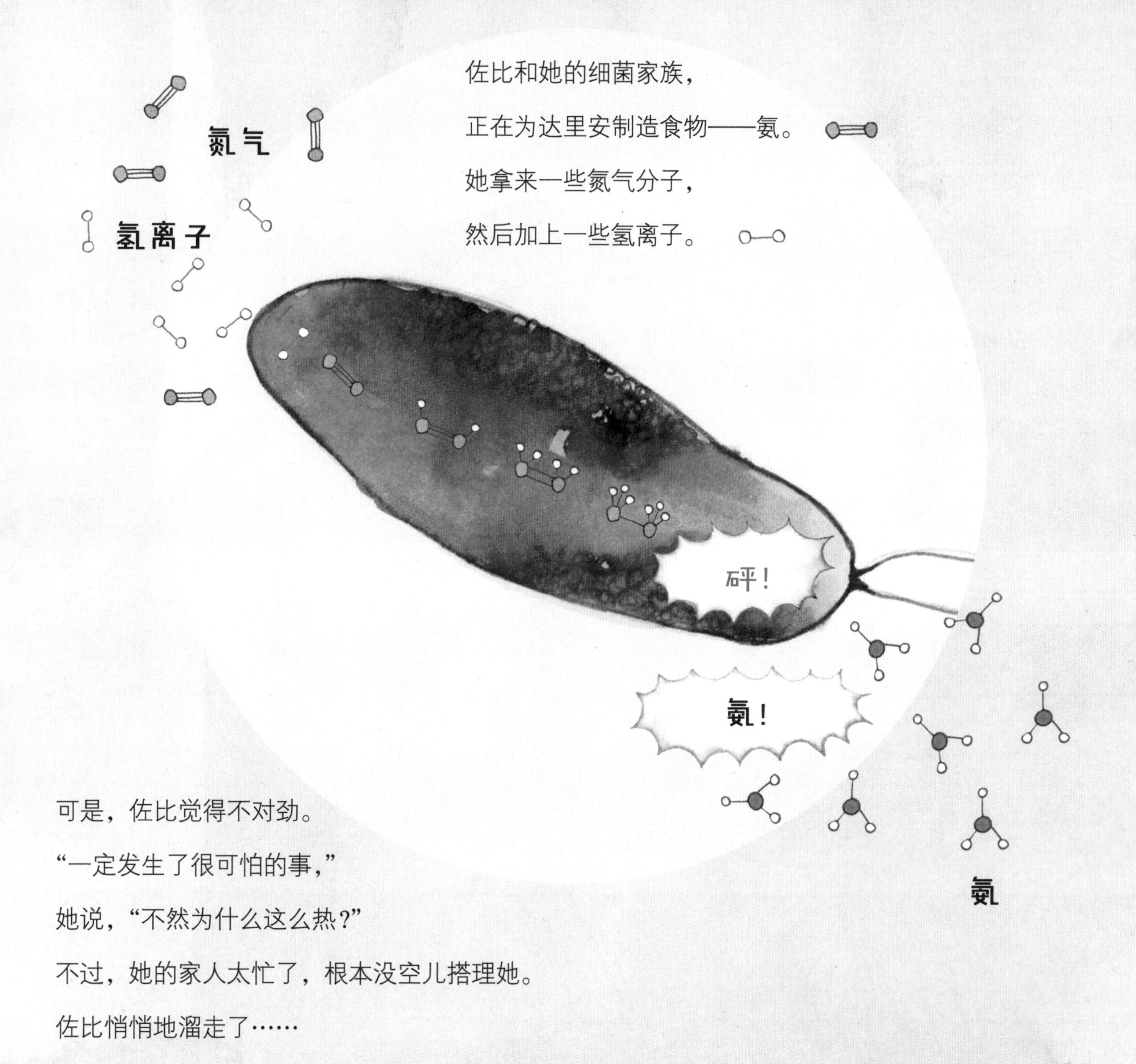

可是，佐比觉得不对劲。

“一定发生了很可怕的事，”

她说，“不然为什么这么热？”

不过，她的家人太忙了，根本没空儿搭理她。

佐比悄悄地溜走了……

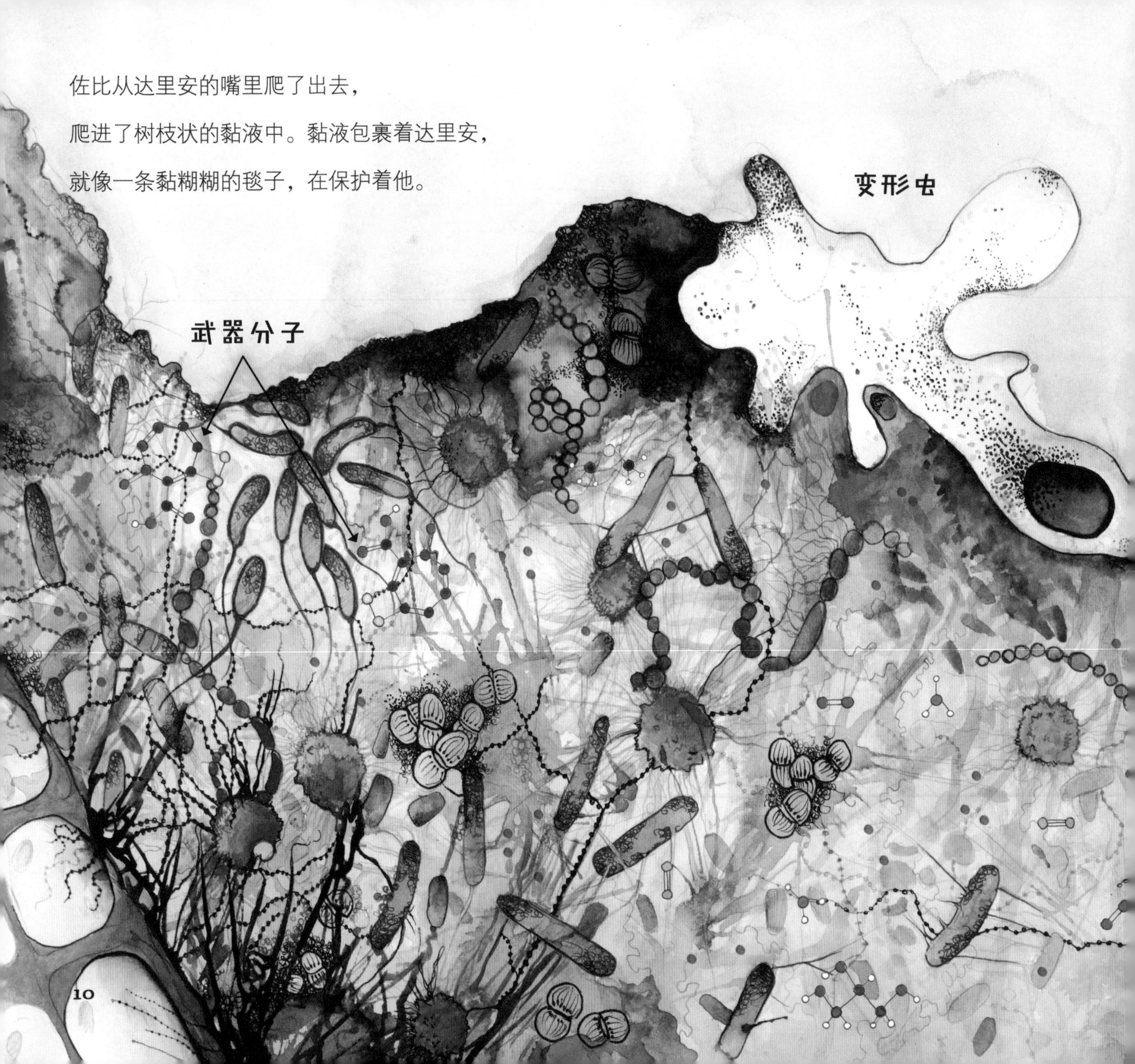

佐比从达里安的嘴里爬了出去，

爬进了树枝状的黏液中。黏液包裹着达里安，

就像一条黏糊糊的毯子，在保护着他。

黏液里一片繁忙。

佐比只能在一群微生物之间东躲西闪，

他们正忙着吞食、回收利用和交换分子。

接着，佐比经过一群守卫细菌，

他们正在制造某种致命的武器分子，

这能保护达里安。

她躲开一只在吃海藻的变形虫，

扭身向有阳光的地方爬去。

在这里，

她能感觉到大海的狂野。

在这里，

任何事情都有可能发生。

在一片阳光之下，佐比找到了蓝藻赛依。

赛依是一位睿智的老者。

“怎么回事？”佐比问道，“感觉快要发生可怕的事情了。”

“你说得对，小佐比，”赛依说，“前面确实有麻烦了。”

佐比更害怕了。

“什么？”她着急地问道，“什么麻烦？”

“你听过老波拉的故事吗？”

赛依开始讲起来。

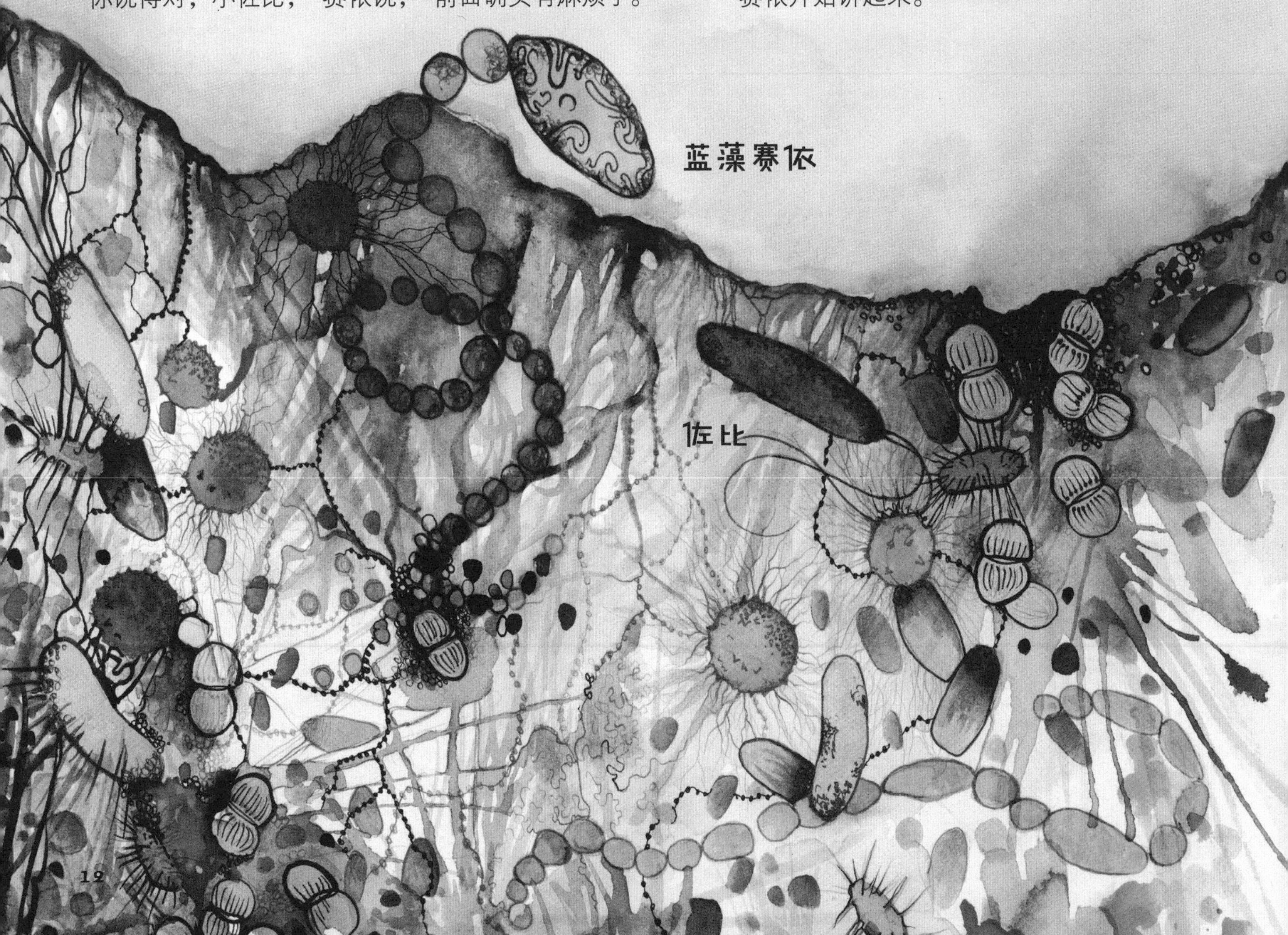

佐比听过这个故事。

就在那儿，透过蔚蓝的海水，

有一堆珊瑚的骨骼。

它们已经变得破破烂烂的，

上面覆盖着厚厚的、肮脏的海藻。

赛依低声说：“老波拉死前，

海水热了好几个星期。

就像今天一样。”

赛依向佐比靠近了一些。

“我们需要检查一下虫黄藻。”她说。

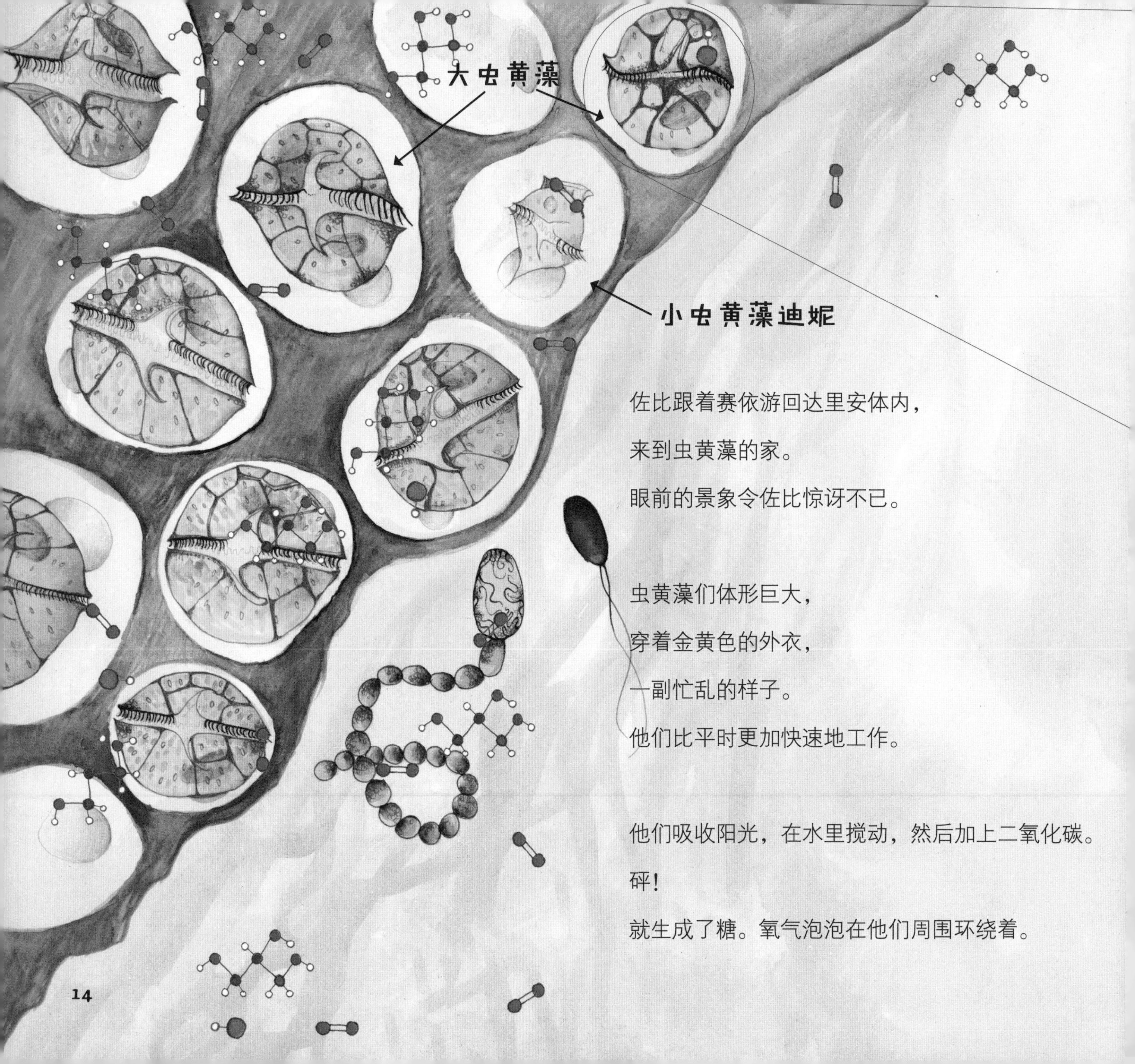

佐比跟着赛依游回达里安体内，

来到虫黄藻的家。

眼前的景象令佐比惊讶不已。

虫黄藻们体形巨大，

穿着金黄色的外衣，

一副忙乱的样子。

他们比平时更加快速地工作。

他们吸收阳光，在水里搅动，然后加上二氧化碳。

砰!

就生成了糖。氧气泡泡在他们周围环绕着。

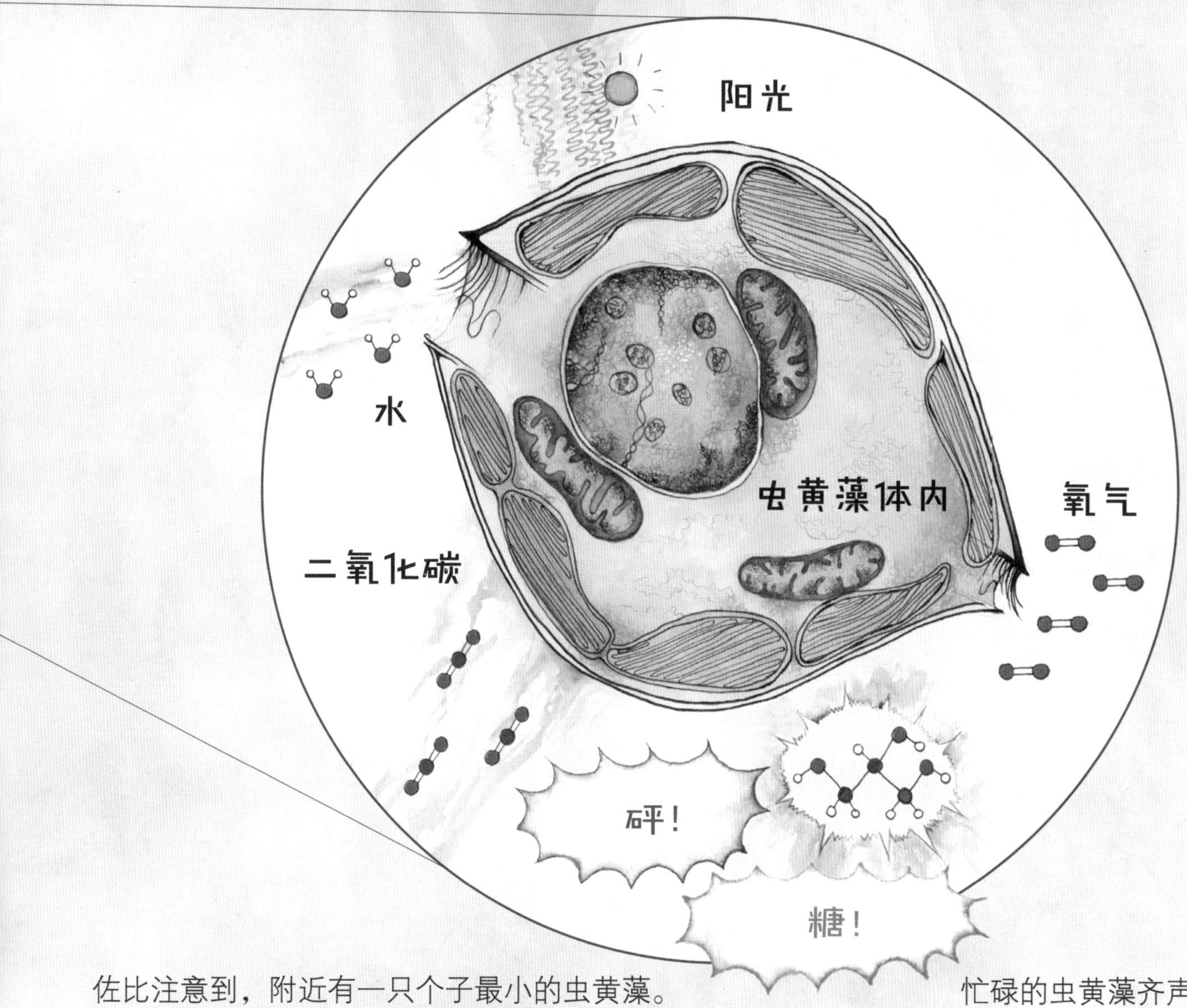

佐比注意到，附近有一只个子最小的虫黄藻。

她工作得非常慢。

“那是迪妮。”一只大虫黄藻低声说，

“她是一个小孩，小孩总是慢吞吞的。”

迪妮小心翼翼地把水和二氧化碳混合在一起。

忙碌的虫黄藻齐声反对。

“小孩都会偷懒。”

“不像我们，我们工作得可快啦。”

的确，大虫黄藻工作的速度都非常快。

不过，他们是漫不经心的。

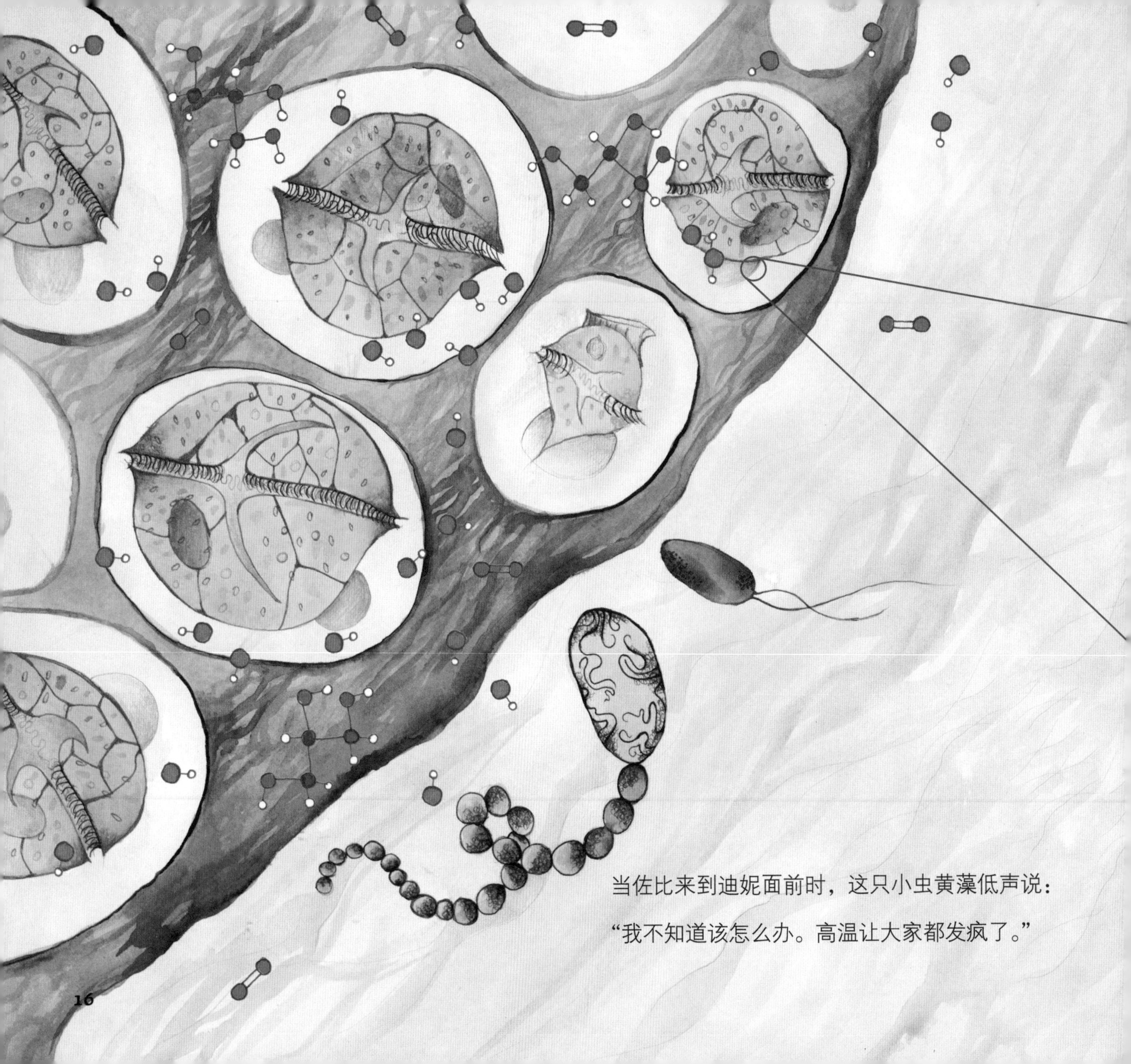

当佐比来到迪妮面前时，这只小虫黄藻低声说：

“我不知道该怎么办。高温让大家都发疯了。”

这时，一个微小的有毒原子团从佐比身边呼啸而过，

一下子撕碎了一个蛋白质。

砰！不好，

另一个有毒原子团破坏了一条DNA链。

这些讨厌的有毒原子团正在伤害达里安，

佐比发现它们来自大虫黄藻。

“在那个漫长又炎热的夏天，

老波拉身体里的虫黄藻也是这样发疯了，”

赛依说，“她只好把它们赶走。

在把虫黄藻全踢出去之前，

老波拉一直是漂亮的金黄色。

那是一场灾难。她没能活下来。”

佐比很害怕。

“我们要做点儿什么。”她说。

但是她们能做什么呢？

虫黄藻已经热得受不了啦。

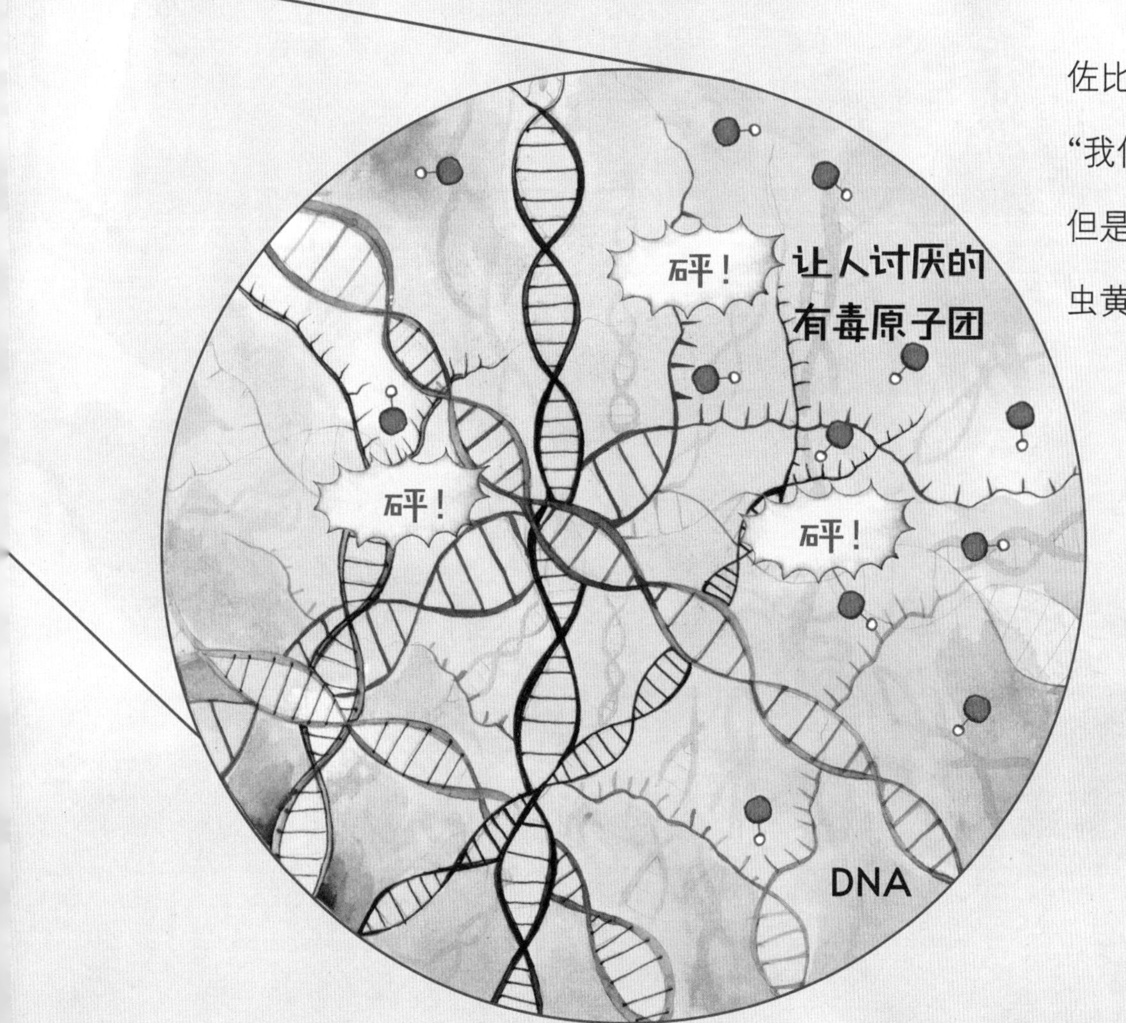

达里安痛苦地蠕动着。

“当心！”赛依惊慌地大喊。

达里安转过身去。

噗——

他把成千上万只金黄色的虫黄藻喷入了大海。

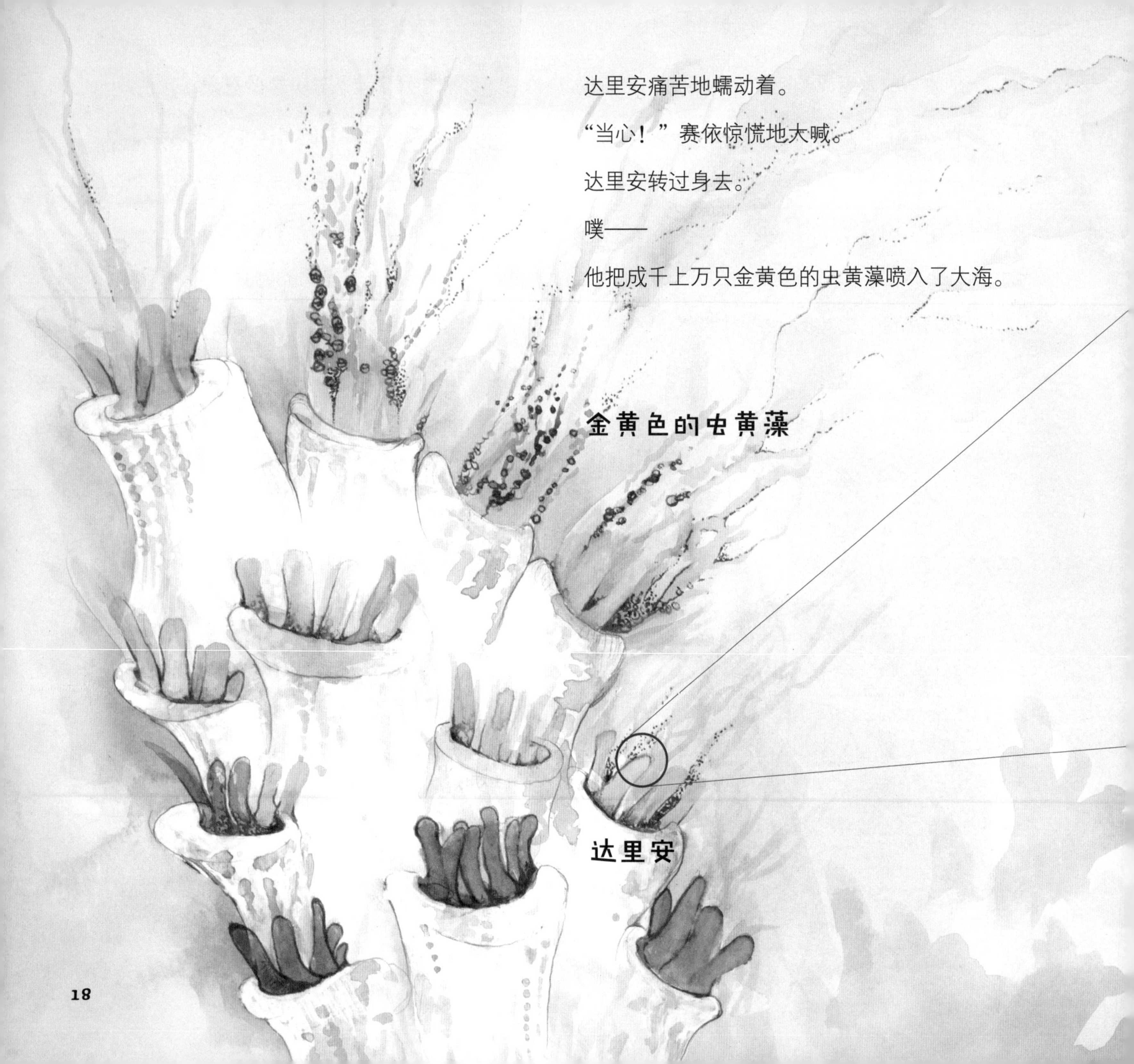

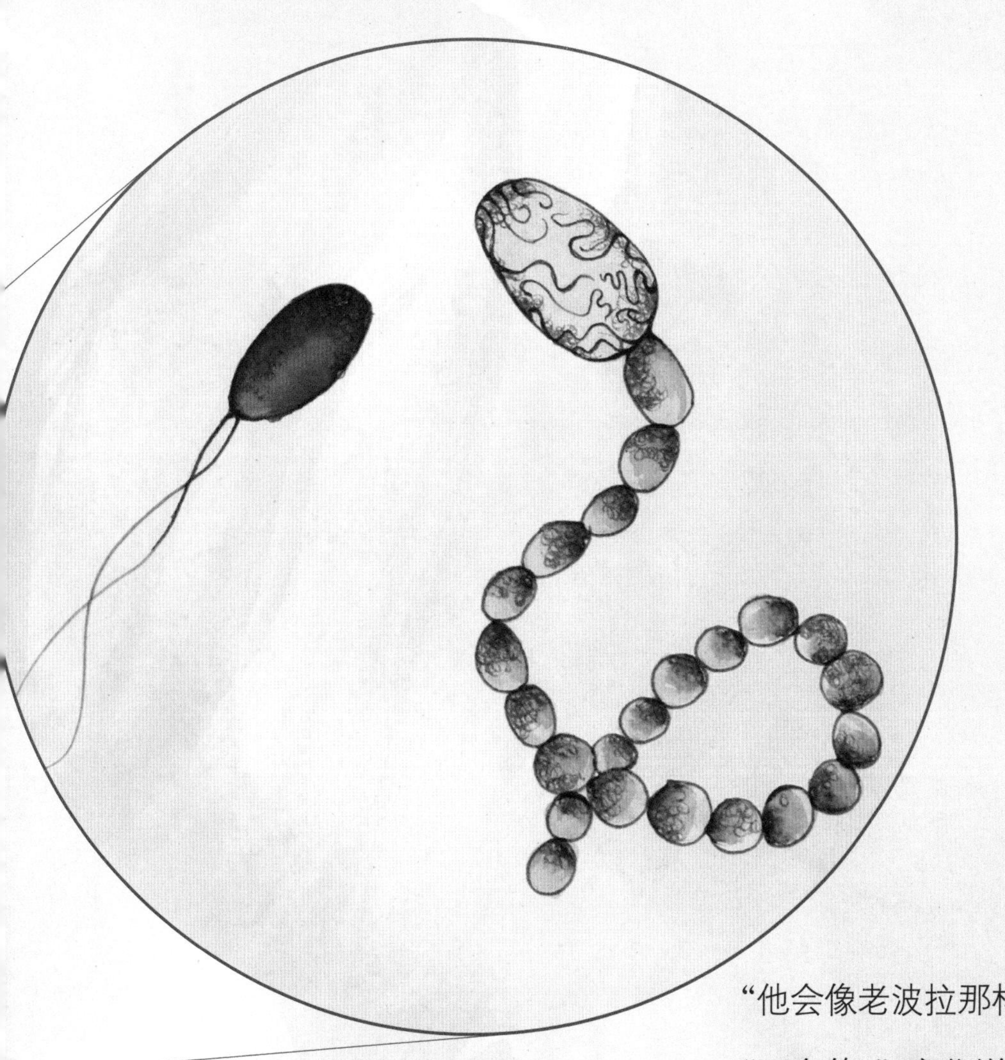

“不……！”佐比大声地呼喊，

眼看着那片金黄消失不见。

仍然有一些大虫黄藻留了下来，

可他们只是继续制造有毒原子团。

达里安喷出越来越多的虫黄藻，

他的触须开始变白。

“他会像老波拉那样死掉吗？”佐比害怕地问道。

“不会的，”赛依说，“那些大虫黄藻已经给达里安喂了很多糖，

达里安需要糖来建造我们的家。”

“如果达里安饿死了呢……？”佐比问。

“他还不会饿死，”赛依打断她，

“待在这儿，等着瞧吧。”

晚上，达里安猎食的时候，

佐比紧张地看着他。

只见他挥动着鱼叉状的刺细胞，

去捕捉桡足类动物。他先把它们麻痹，

接着，把它们全都扫进嘴里。

夜晚很快过去了，

可是达里安捕到的食物只够维持生命，

他连分泌黏液的力气都没有了。

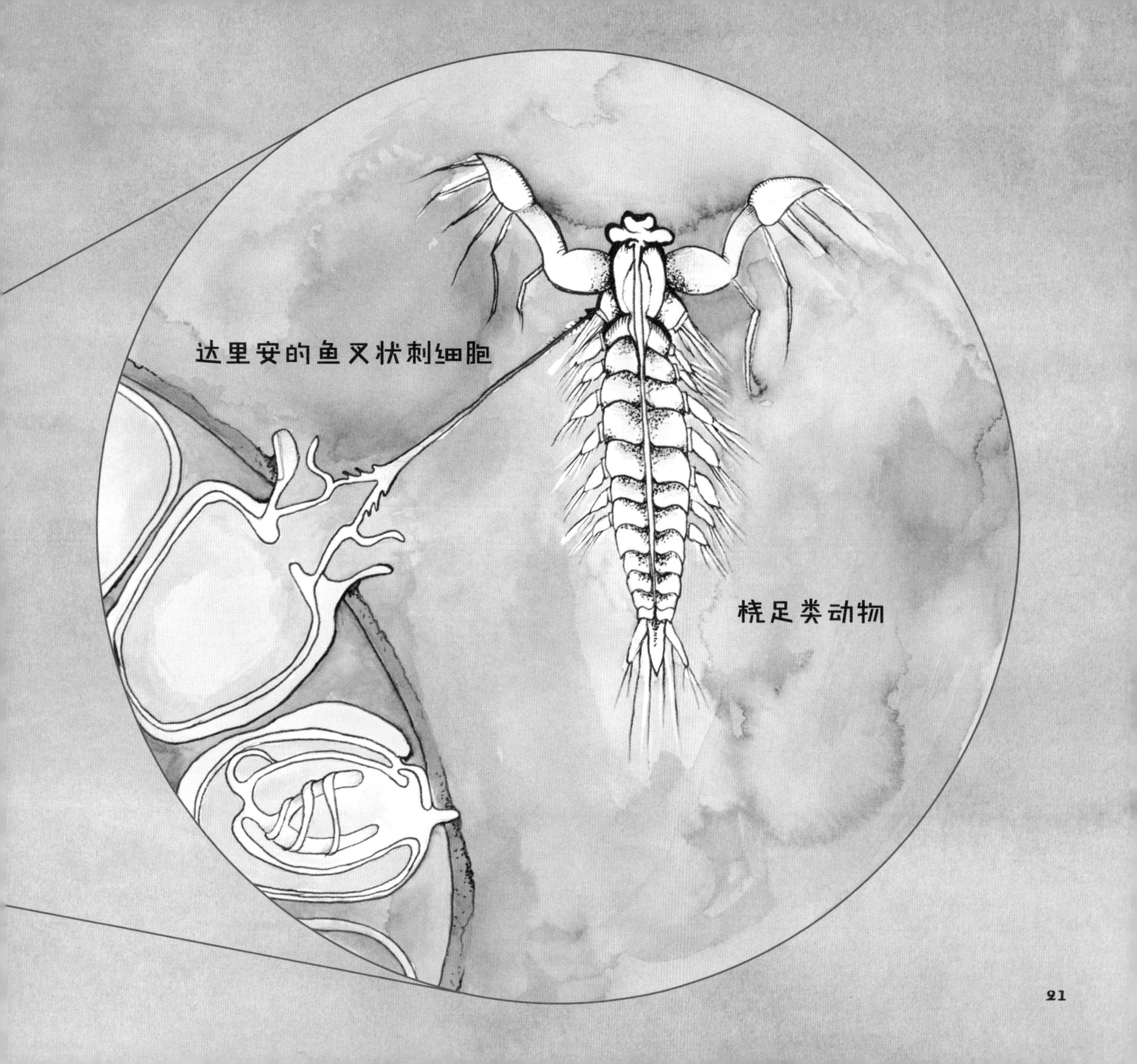
达里安的鱼叉状刺细胞
桡足类动物

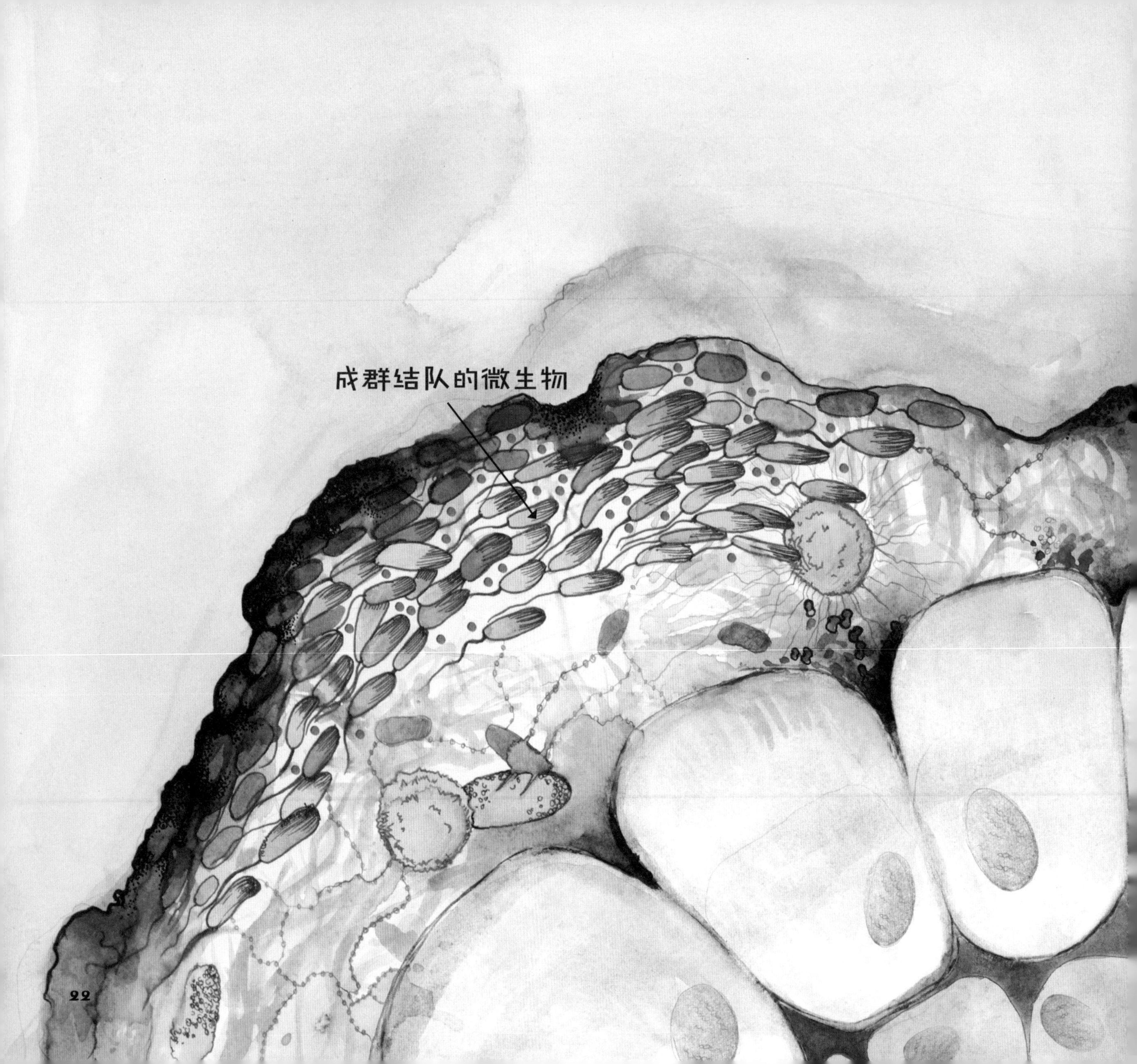
成群结队的微生物

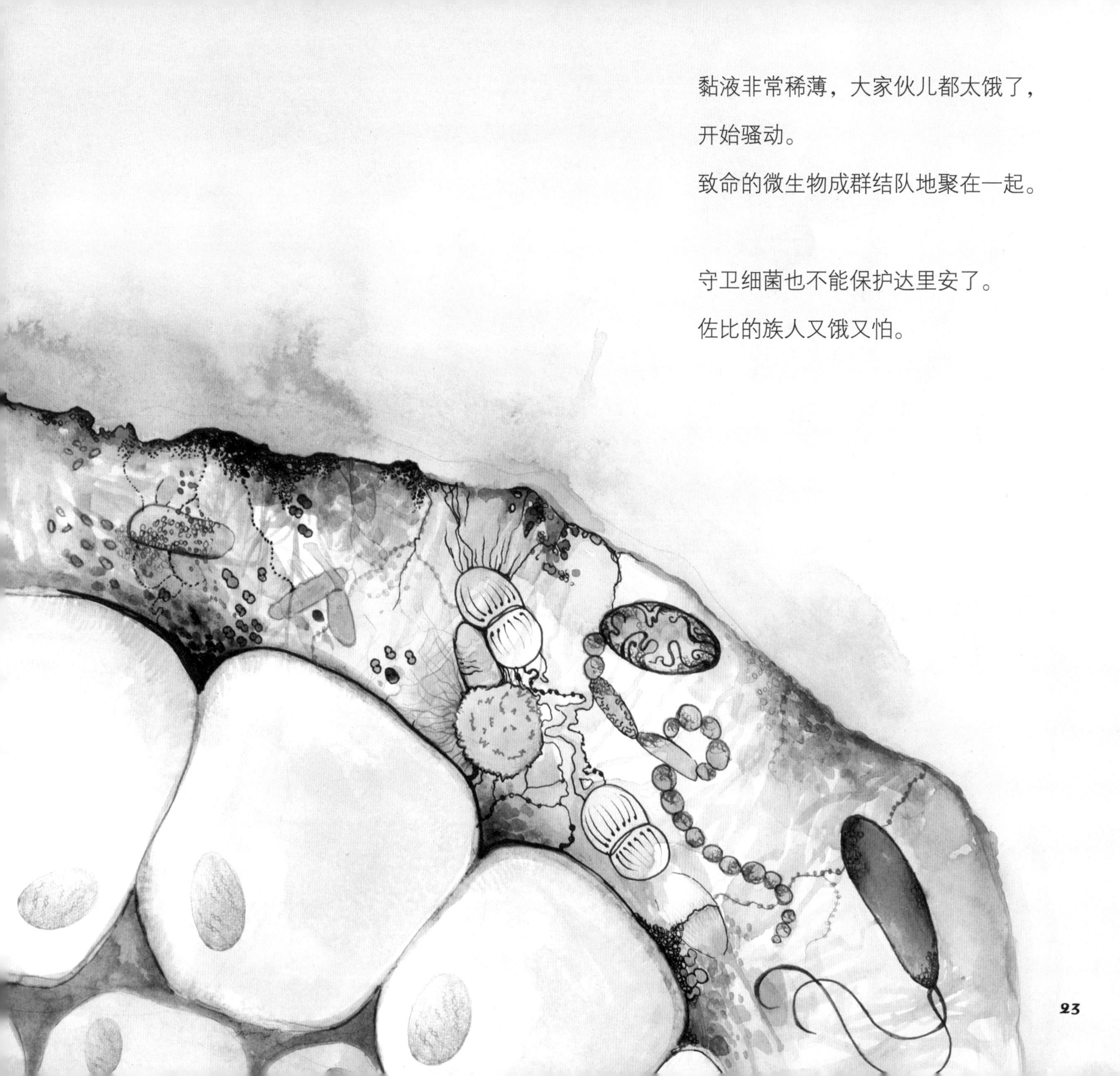

黏液非常稀薄，大家伙儿都太饿了，

开始骚动。

致命的微生物成群结队地聚在一起。

守卫细菌也不能保护达里安了。

佐比的族人又饿又怕。

一个黏糊糊、

绿油油的小海藻向达里安爬来，

威胁说要偷走他的阳光。

情况越来越糟了。

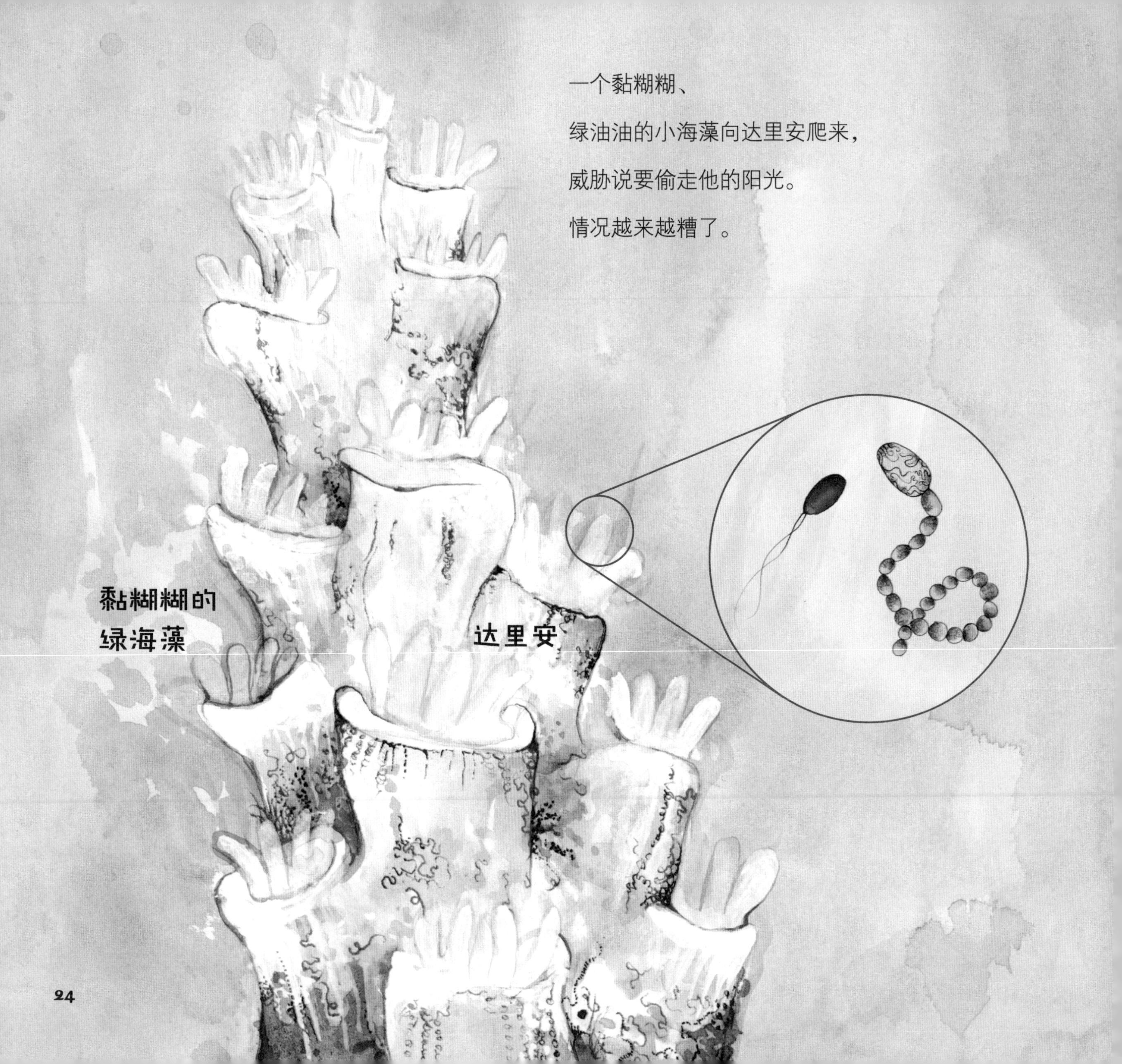

一群蛮横的微生物冲了过来，

佐比赶快转身，挣扎着离开了。

“迪妮！去找迪妮！”

赛依大声喊道，“让她救命……”

佐比在达里安的肠道里拼命挣扎，

她又虚弱又害怕。

她的周围漂浮着成千上万个其他细菌——饥饿的细菌。

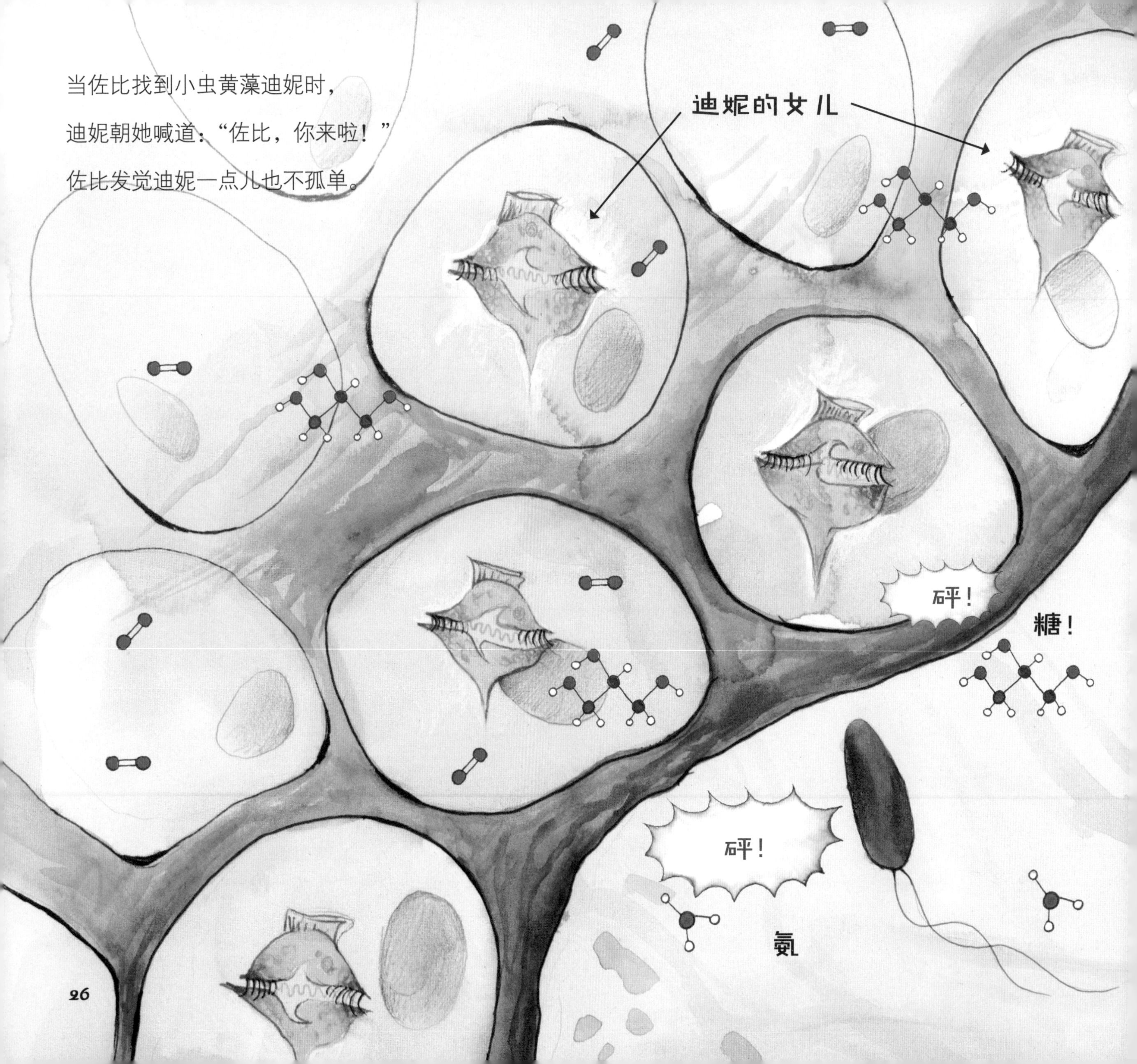
当佐比找到小虫黄藻迪妮时，
迪妮朝她喊道："佐比，你来啦！"
佐比发觉迪妮一点儿也不孤单。
迪妮的女儿
砰！
糖！
砰！
氨

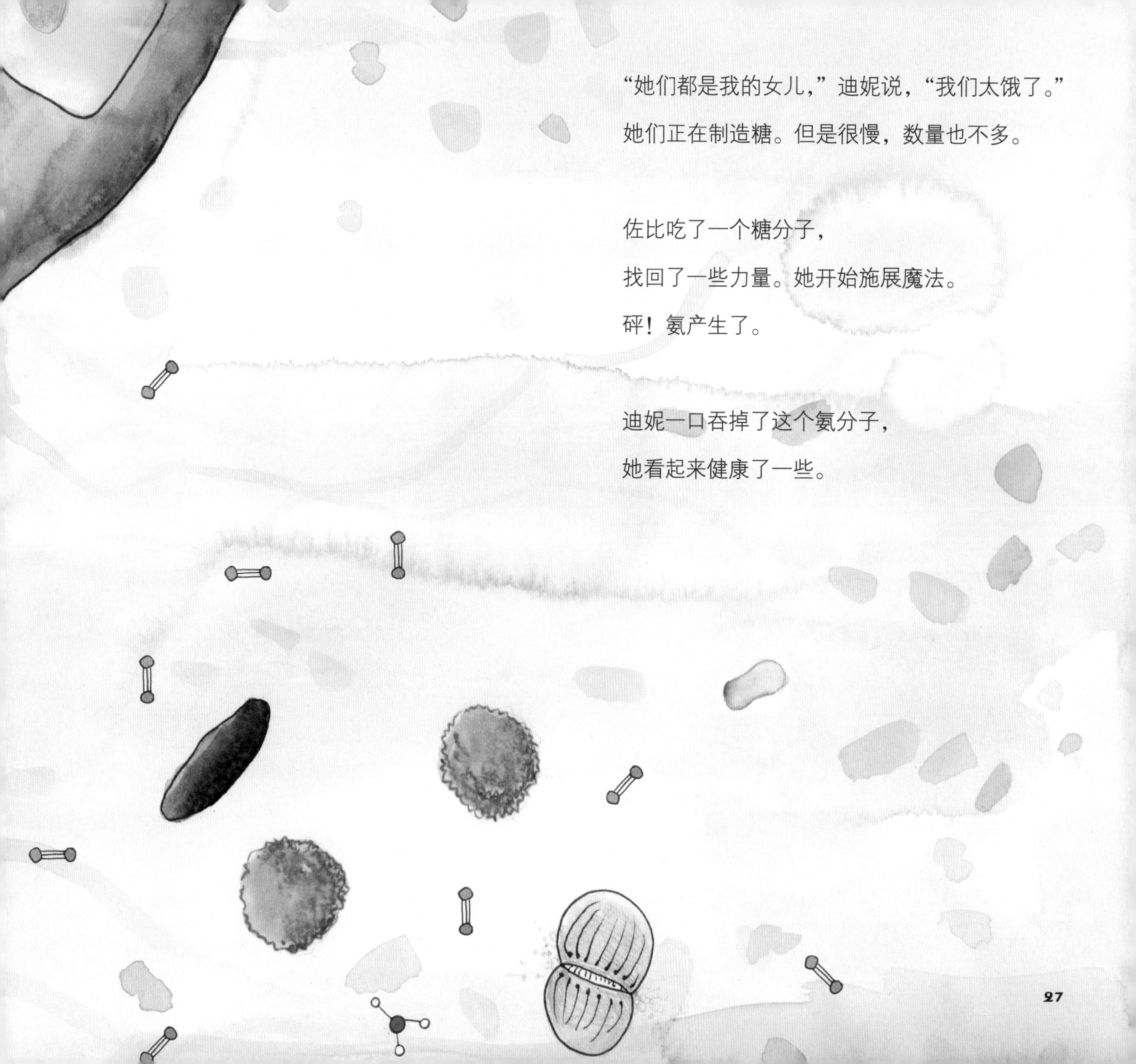

“她们都是我的女儿，”迪妮说，“我们太饿了。”

她们正在制造糖。但是很慢，数量也不多。

佐比吃了一个糖分子，

找回了一些力量。她开始施展魔法。

砰！氨产生了。

迪妮一口吞掉了这个氨分子，

她看起来健康了一些。

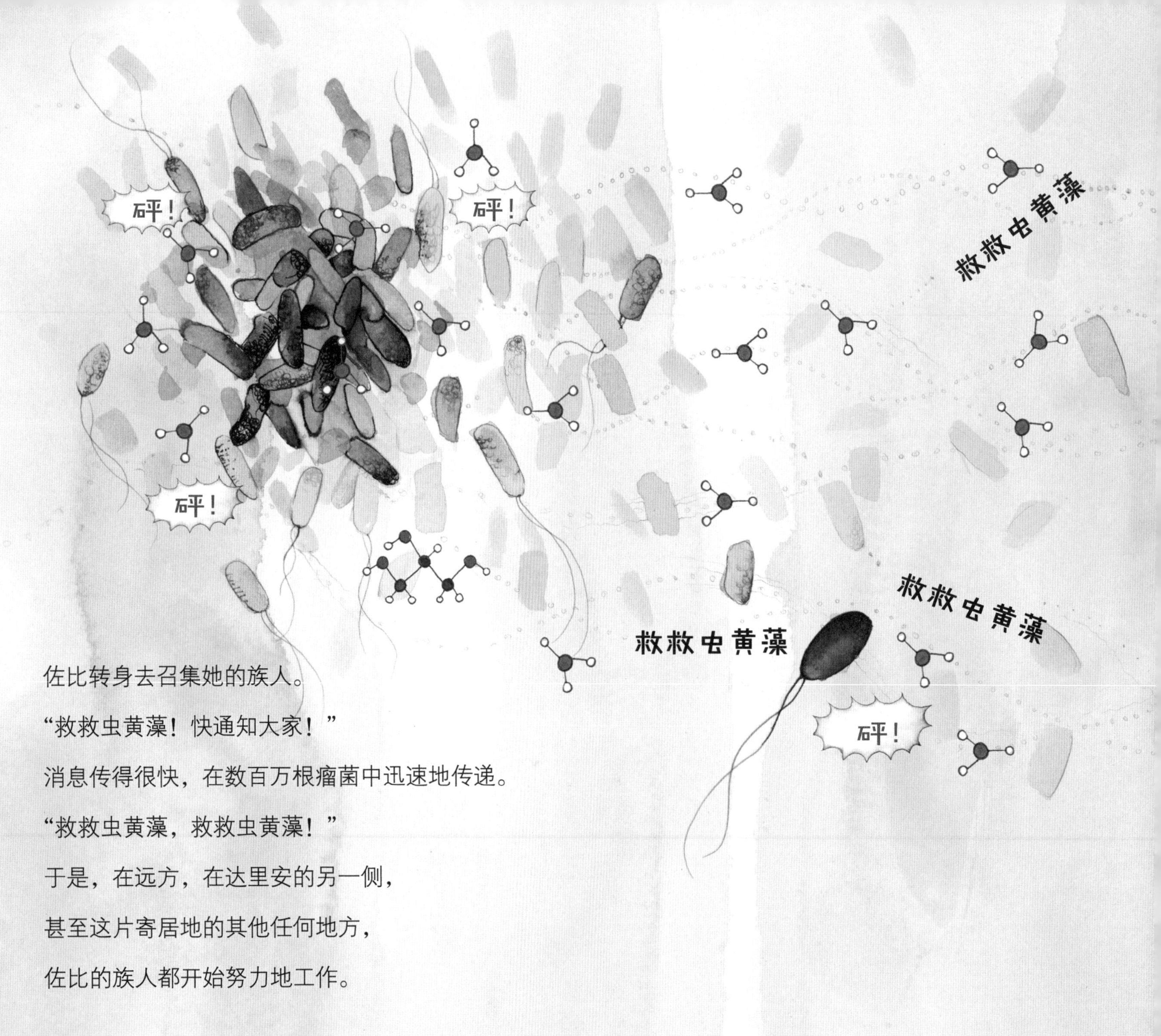

佐比转身去召集她的族人。

“救救虫黄藻！快通知大家！”

消息传得很快，在数百万根瘤菌中迅速地传递。

“救救虫黄藻，救救虫黄藻！”

于是，在远方，在达里安的另一侧，

甚至这片寄居地的其他任何地方，

佐比的族人都开始努力地工作。

不久，迪妮的女儿们又生了女儿，

她们也开始工作。

砰！糖制造出来了。

佐比的族人们赶快制造氨，喂给小虫黄藻。

慢慢地，随着达里安吃掉更多的糖，

佐比感觉到分子重新回到平衡状态。

海水终于冷却下来。他们的家又安全了。

至少目前是这样。

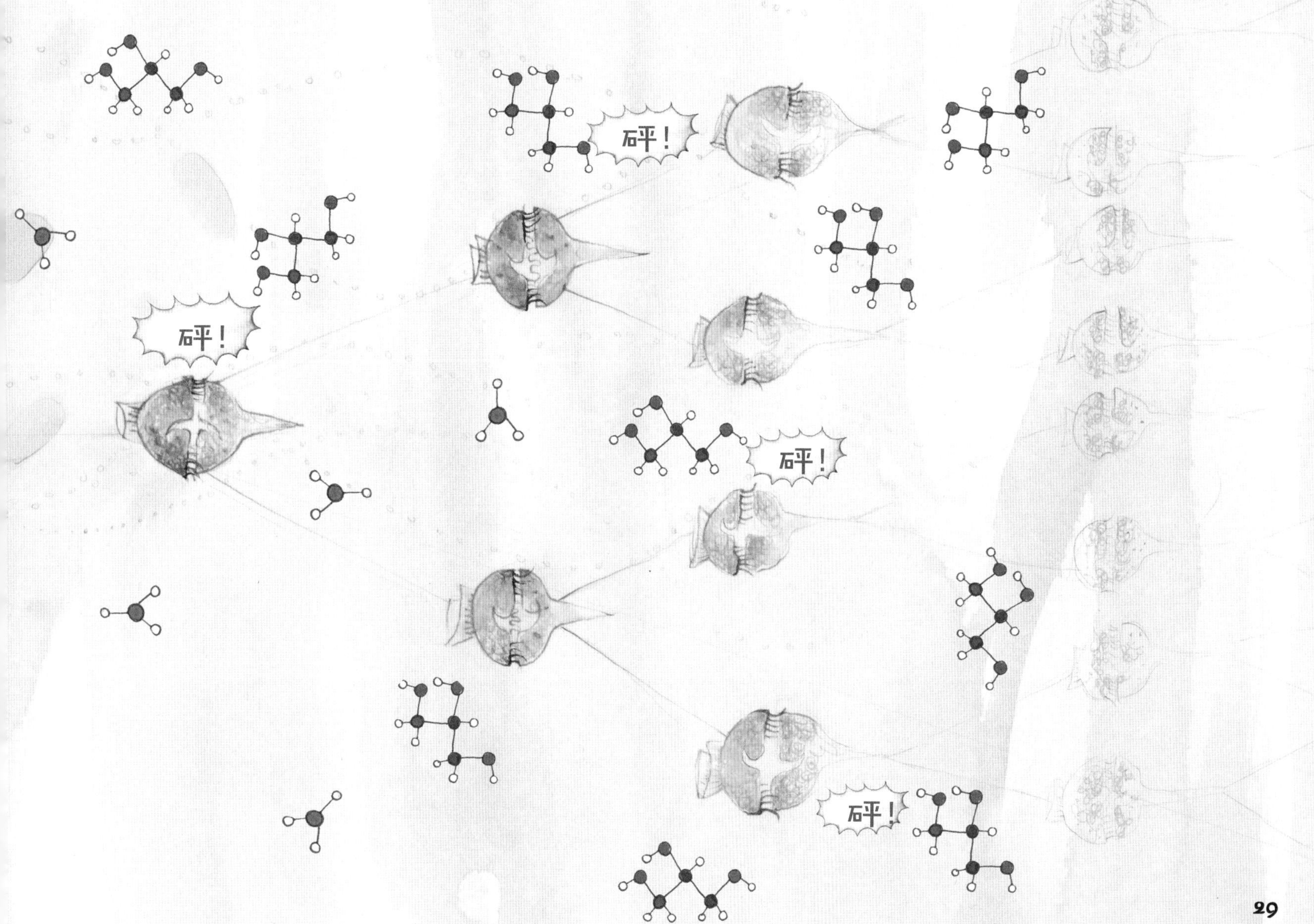

然而，许多珊瑚虫就没这么幸运了。

好在幸存的珊瑚虫一个接一个地回来了。

他们先定居下来，

然后在被阳光照耀的地方，

一层又一层地建造珊瑚礁。

一个小小的寄居地……

达里安和他的珊瑚群

白化珊瑚

在一片蔚蓝的大海里，

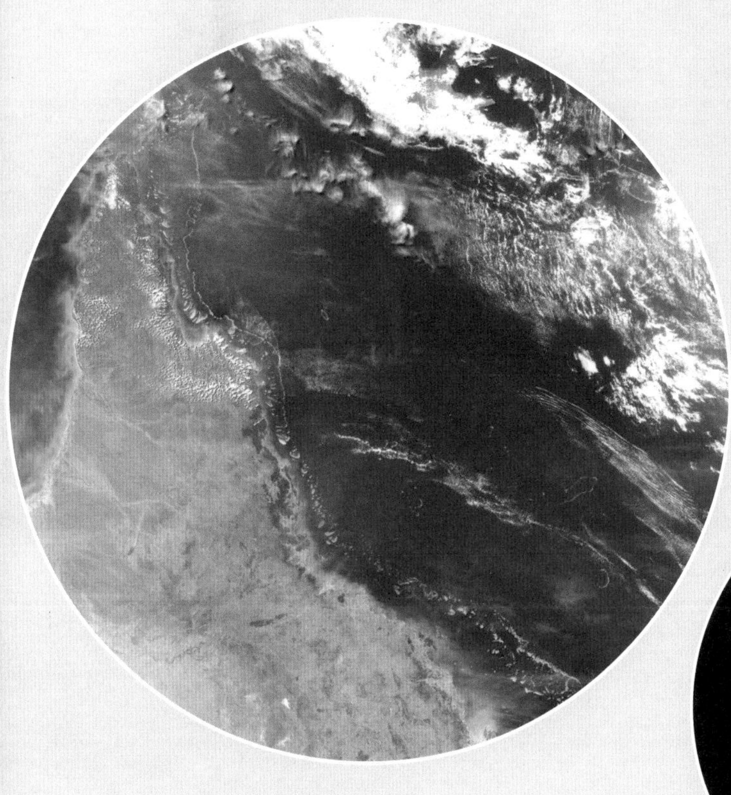

在一颗蓝色的小星球上，

围绕着太阳运转。

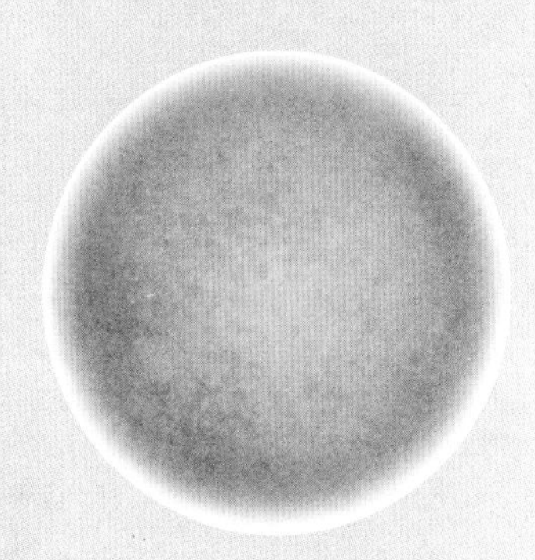

故事背后的科学

珊瑚共生的简单指南

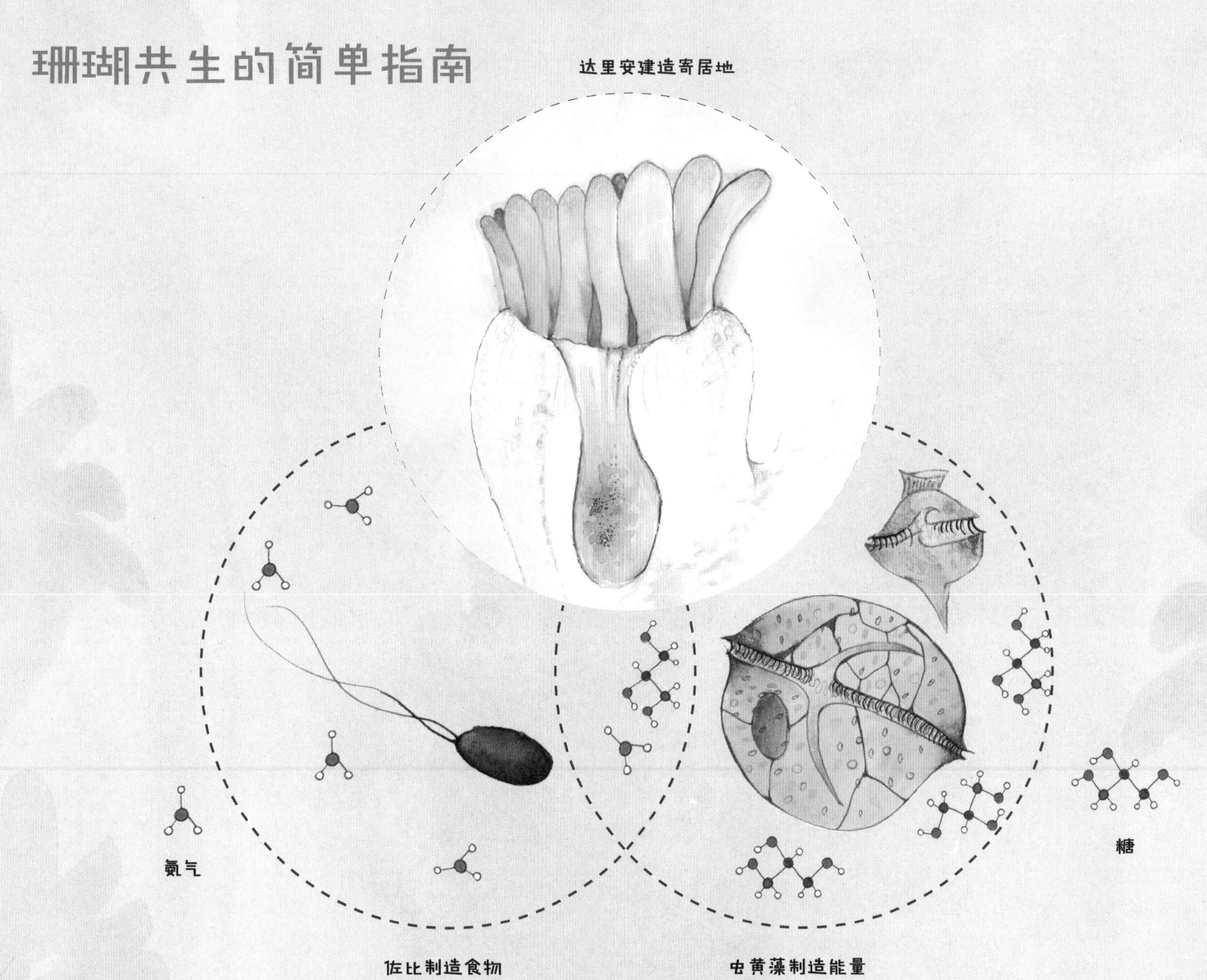

珊瑚虫达里安的身体

主要角色住在哪里？

❶达里安的肠道；　❷触须里的细胞；　❸黏液。

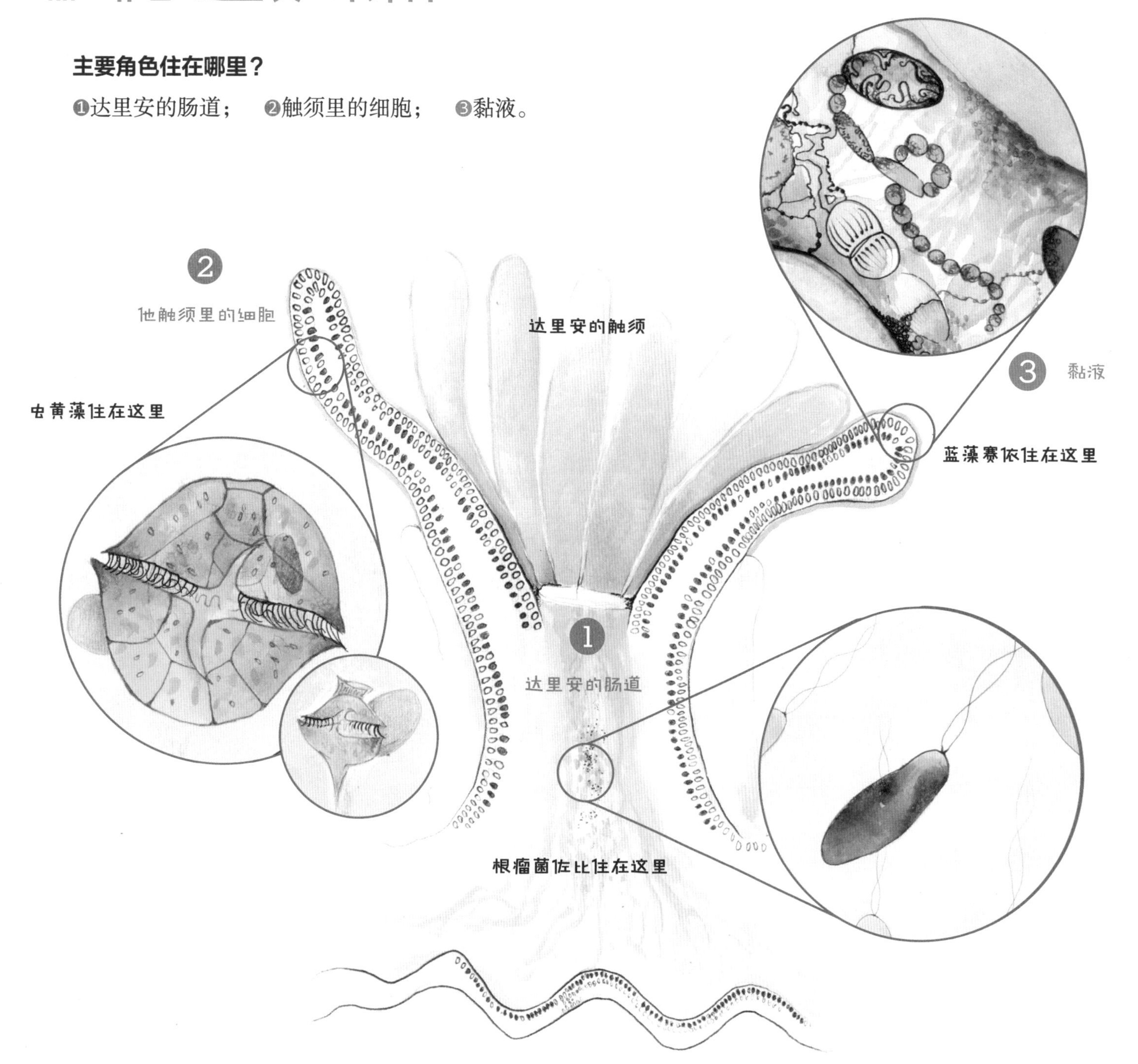

书中的小主角有多小？

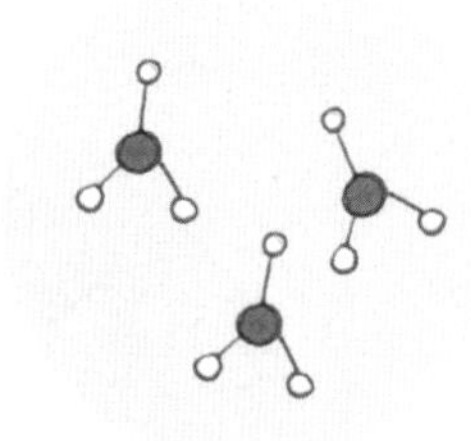

氨分子（直径175皮米）

- 由三个氢原子和一个氮原子结合而成的分子
- 制造蛋白质的必需品，任何生命都需要蛋白质
- 由佐比和她的根瘤菌家族制造

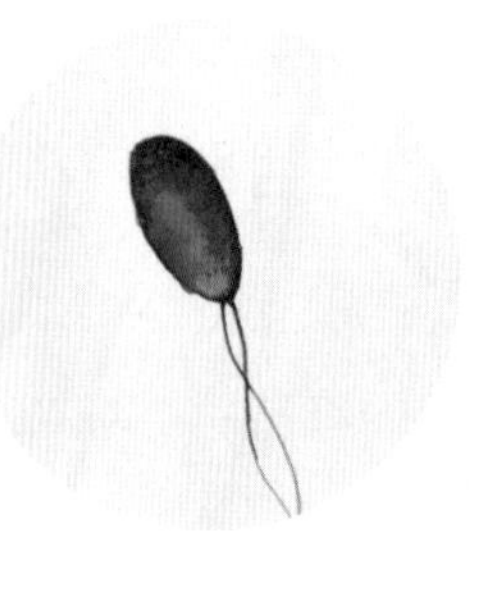

根瘤菌（长5微米）

- 单细胞细菌，有两条鞭毛帮助她游泳
- 可以利用氮气生成氨
- 一辈子和达里安生活在一起

蓝藻（长30微米）

- 细菌链
- 可以利用阳光和空气制造糖和氨
- 地球上最古老的微生物之一

大小　1000皮米=1纳米　1000纳米=1微米　1000微米=1毫米

pm 皮米（10^{-12}米）　nm 纳米（10^{-9}米）　μm 微米（10^{-6}米）

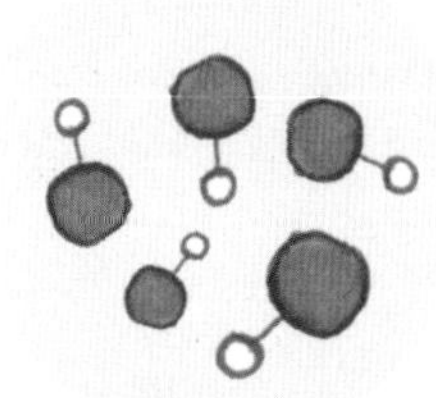

羟基分子（直径97皮米）

- 由氢原子和氧原子结合而成的原子团
- 一种常见的自由基（高活性原子团）
- 几乎能破坏所有类型的分子，包括核酸（如DNA）、蛋白质、脂肪和碳水化合物

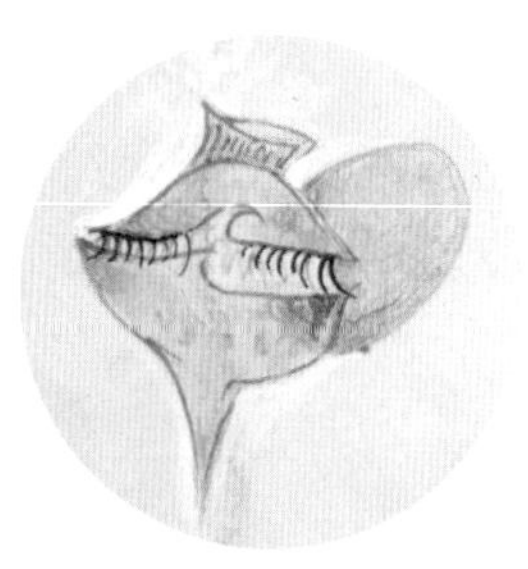

小虫黄藻（直径15微米）

- 一种单细胞鞭毛藻类
- 与珊瑚虫共生
- 通过光合作用缓慢地制造糖

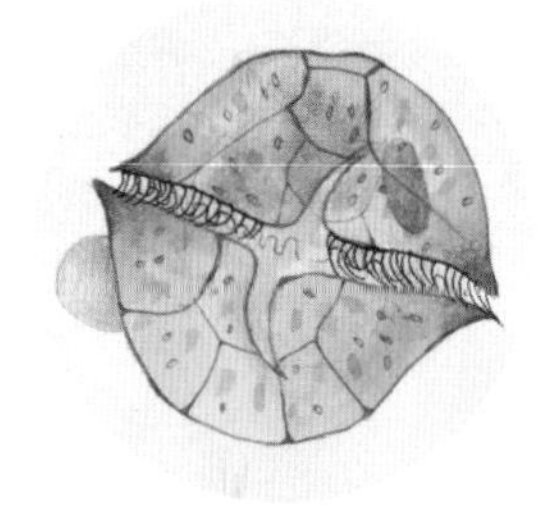

虫黄藻（直径20微米）

- 一种单细胞鞭毛藻类
- 与珊瑚虫共生
- 一种较大的金黄色虫黄藻
- 通过光合作用制造糖

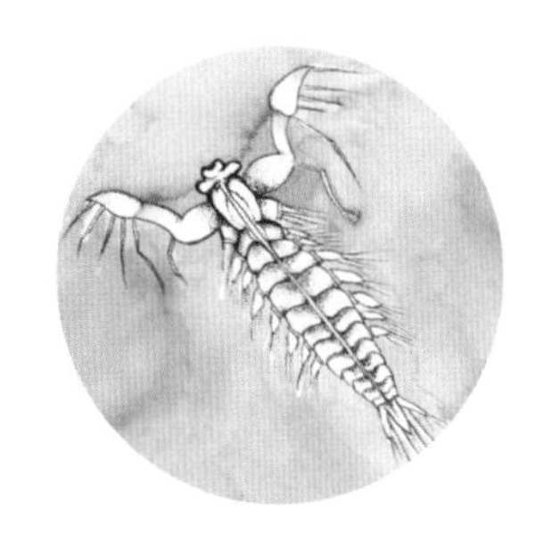

桡足类动物（长1毫米）

- 小甲壳类动物，有坚硬的外骨骼
- 珊瑚虫特别喜爱的食物

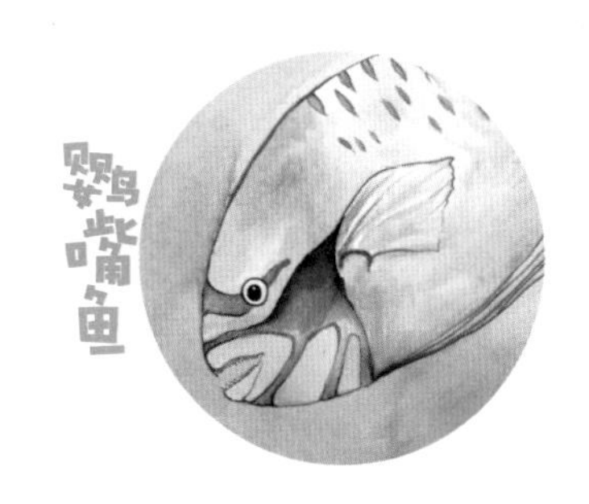

鹦嘴鱼科（长400毫米）

- 大型食草鱼，吃珊瑚周围的藻类
- 它的嘴巴像鹦鹉的嘴巴

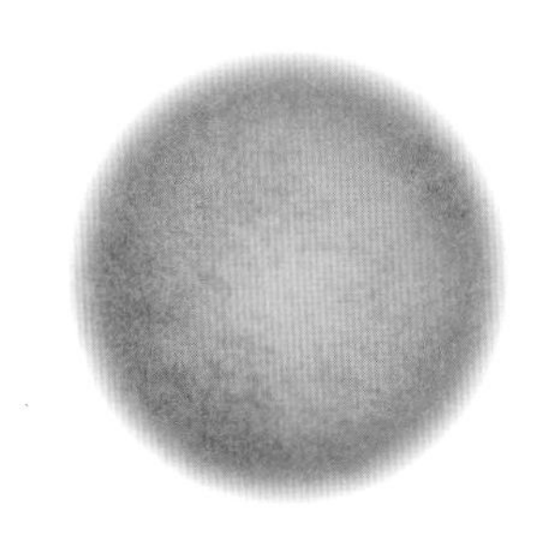

太阳（直径1392684千米）

- 为光合作用提供光能
- 太阳约为46亿岁

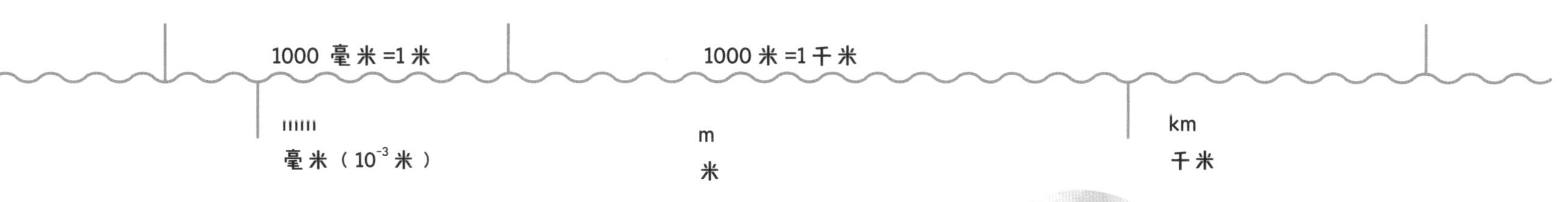

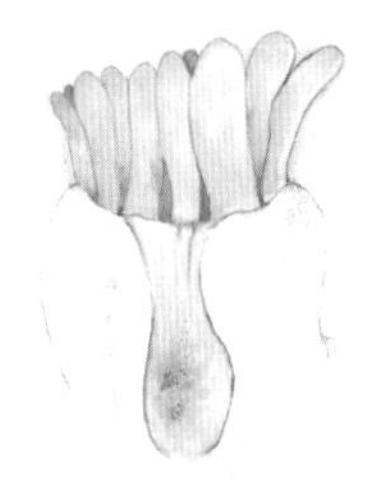

珊瑚虫（直径6毫米）

- 故事中的动物宿主
- 石珊瑚的一种
- 同一种类的石珊瑚虫群居在一起
- 像一只倒立的水母

无风带（100千米宽）

- 由无风造成的天气状况，它使海洋变得平静、温暖
- 气候变暖造成珊瑚白化的情况越来越严重

大大小小的珊瑚礁

在澳大利亚昆士兰州的大堡礁上，有2000个独立的珊瑚礁，我们的故事就发生在其中的一个珊瑚礁上。

世界上许多地方的热带水域，都有大型的珊瑚礁。它们有坚硬的石灰质结构，是由不同种类的珊瑚建造的，它们有很多常见的形状，比如鹿角状、盘子状、巨石状、脑状和蘑菇状。

坚硬的珊瑚礁通常是由几十个珊瑚群组成的，这些珊瑚群的总面积加起来有一辆车那么大。

"达里安正在一层又一层地建造珊瑚礁，就像他的族群几百年来所做的那样。"(第06页)

如果你从一个巨大的珊瑚礁中采集一个核心样本，你可以看到它数百年来的生长痕迹——有点儿像树干上的年轮。珊瑚礁通常由许多不同品种的珊瑚组成，以每年1—25厘米的速度缓慢地生长。

虽然有些珊瑚可以在水下150米深的地方生存，但大多数珊瑚更喜欢生长在距海面几米深的地方，这样它们的虫黄藻伙伴就可以从阳光中获取光能。珊瑚在接近海面的地方，每天都要沉积新的石灰质层，以对抗海浪不断的侵蚀。

"……住着一群珊瑚虫。"(第05页)

虽然有些珊瑚虫喜欢独来独往，但大多数珊瑚虫都与成千上万的伙伴们一起组成珊瑚群，共同成长。从最初的一个珊瑚虫开始，每一个新的珊瑚虫都通过腔肠，将石灰质（碳酸钙）骨架与相邻的伙伴连接，一个接着一个。

珊瑚礁
珊瑚群
珊瑚虫

达里安详解

珊瑚就像倒立的水母。

珊瑚虫与水母、海葵和水螅虫一样，都属于刺胞动物门。“刺胞动物”这个词来自希腊语，意思是荨麻。所有的刺胞动物都只有两个细胞层，呈辐射状对称，有简单的肌肉和神经系统，以及一个张嘴状的开口。

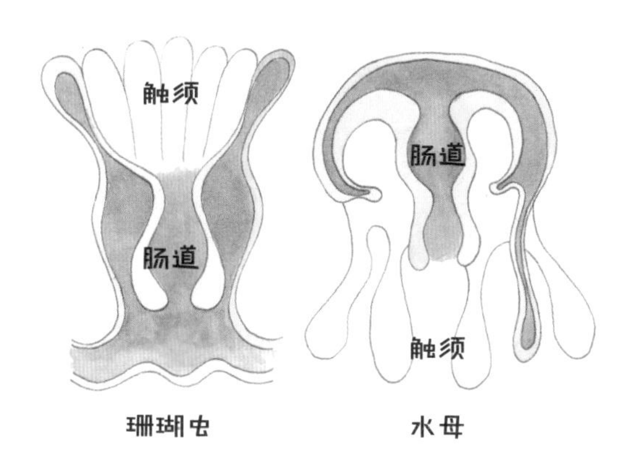

“只见他挥动着鱼叉状的刺细胞，去捕捉桡足类动物。他先把它们麻痹，接着，把它们全都扫进嘴里。”（第20页）

珊瑚虫的刺细胞被称为“刺丝”。

当猎物在水中移动时，珊瑚虫会发射一种有毒的鱼叉状细胞结构来麻痹猎物，比如小型桡足类动物，这样它们就能把猎物卷进嘴里，一口吞下去。

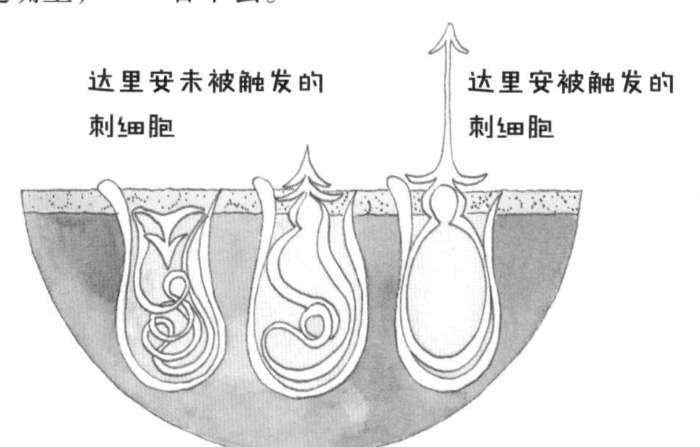

达里安是如何建造暗礁的？

“那些大虫黄藻已经给达里安喂了很多糖，达里安需要糖来建造我们的家。”（第19页）

许多珊瑚虫依靠它们的虫黄藻伙伴通过光合作用提供稳定的糖，来满足基本的能量需求。

不同的珊瑚虫细胞用这些能量来完成一系列任务，比如制造黏液，用鱼叉状的刺细胞捕捉猎物，或者建造石灰质巢穴。

在健康、光线充足的珊瑚虫体内，虫黄藻可是制糖高手，珊瑚虫通常有足够的空间来建造大量坚硬的石灰质礁。

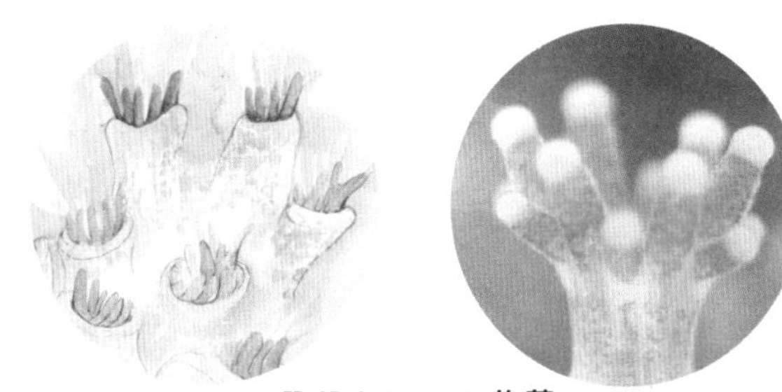

珊瑚虫里的虫黄藻

达里安在所有动物的科学分类中处于什么位置？

域：真核生物

界：动物界

门：刺胞动物门

纲：珊瑚虫纲

目：石珊瑚目

科：轴孔珊瑚科

属：轴孔珊瑚属

来自太阳的能量

地球上几乎所有的生命都依赖太阳的能量。植物、藻类和某些细菌能通过光合作用，获得这些能量。

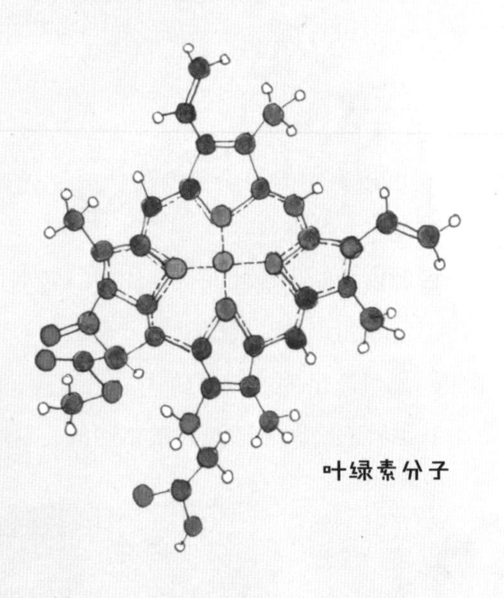

“他们吸收阳光，在水里搅动，然后加上二氧化碳。砰！就生成了糖。氧气泡泡在他们周围环绕着。”（第14页）

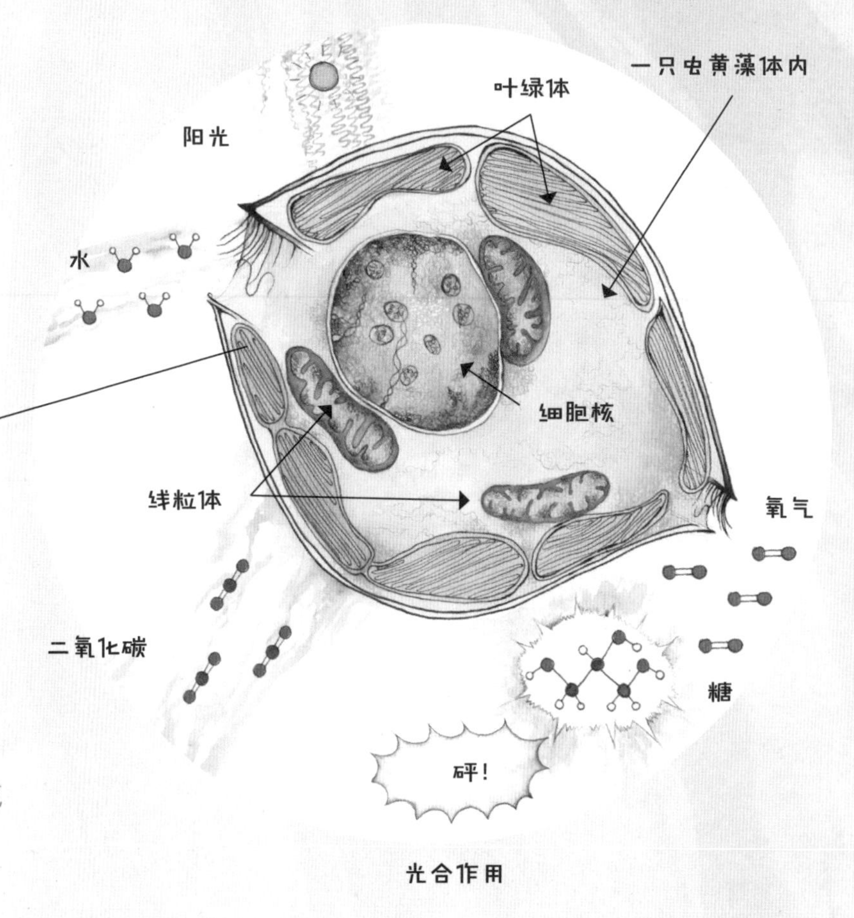

光合作用

要进行光合作用少不了源源不断的太阳光。叶绿体内有叶绿素分子，其中包含着电子，光把电子激活，而电子又能把水（H_2O）分解成氢（H）和氧（O）。

通过光合作用，水中的许多氧原子变成氧气气泡释放出来。氢则用来驱动最后一个主要步骤——将二氧化碳分子转化成不同类型的糖。虫黄藻给珊瑚虫制造的糖是一种三碳糖。

简单地说，光合作用的反应式是：

阳光+水+二氧化碳—氧气+有机物

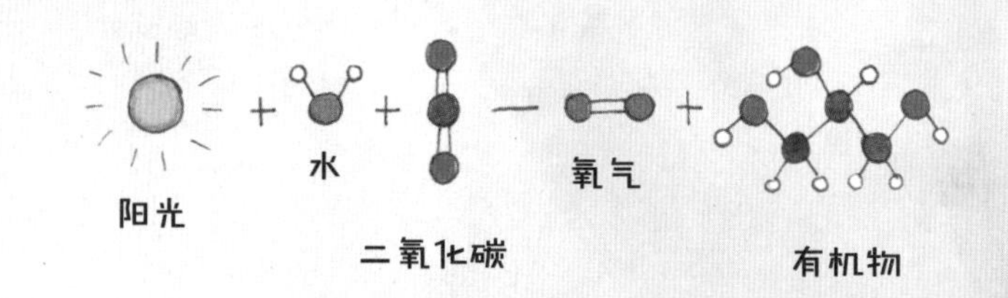

虫黄藻

虫黄藻（zooxanthella）这个名字来自三个拉丁语词汇：“动物园”（与动物相关）、“黄色”和“小”，通常简称虫黄藻（zoox）。这些单细胞微生物可以利用略有差别的色素分子混合物进行光合作用。所以它们是特有的金黄色，而不是植物典型的绿色。

虽然虫黄藻可以像植物一样进行光合作用，名字也跟动物有关，但它们既不是植物也不是动物。相反，目前人们认为，它们属于囊泡藻界，是真核生物域中的一界（真核生物指含细胞核的生命体，包括原生生物、植物、动物、真菌）。虫黄藻和许多奇妙的小生物，如变形虫和黏液霉菌一样，都属于原生生物。

所有的虫黄藻都是甲藻（藻类的一种），属于共生甲藻（双鞭毛藻）属。这些单细胞的微生物被珊瑚虫“吃掉”，但珊瑚虫并不把它们消化掉，而是欢迎它们在自己的一些细胞里居住。珊瑚虫为它们提供了安全的家和充足的阳光，作为回报，它们就为珊瑚虫制造糖。在珊瑚细胞中安家后，这些生物便失去了它们的鞭毛。

域：真核生物域

界：囊泡藻界

门：双鞭甲藻门

纲：横裂甲藻纲

目：共生藻目

科：共生藻科

属：共生甲藻属

种：未知

显微镜下的虫黄藻

“这些讨厌的有毒原子团正在伤害达里安……它们来自大虫黄藻。”（第17页）

虫黄藻光合作用的一个副产品是自由基，自由基包括超氧化物（O^{2-}）和羟基（–OH）。自由基具有很强的毒性，因为它们很容易破坏其他分子，包括蛋白质和DNA。大多数细胞，包括珊瑚虫，都有能力使少量的自由基失去活性。然而，在长时间的高温日照下，大量的自由基积聚起来，会对DNA造成损伤，导致不可逆转的突变和潜在的细胞死亡。这就是珊瑚细胞会在高压力的条件下保护自己，驱逐和它们共生的虫黄藻的原因。

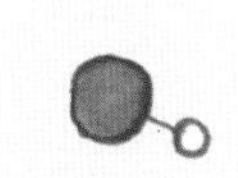

羟基

“佐比注意到，附近有一只个子最小的虫黄藻。”（第15页）

在共生甲藻属中，有许多种类的虫黄藻。有些虫黄藻大小不一，有些则有不同的光合色素，这意味着有些虫黄藻的光合效率更高，速度更快。还有一些虫黄藻，像我们故事中的迪妮，速度会慢很多。

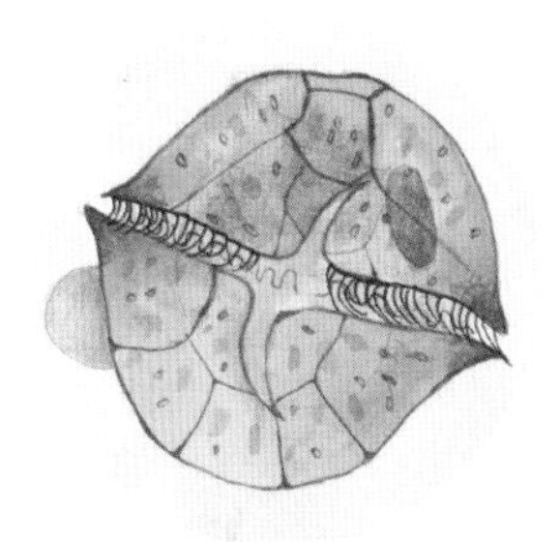

大虫黄藻

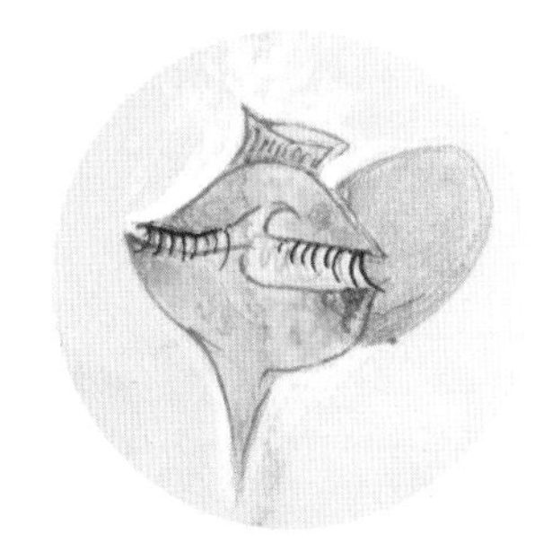

小虫黄藻

给生命带来氮气

氮元素是地球上所有生命的重要组成部分。它能制造蛋白质中的氨基酸，以及DNA和RNA。大气和海水中含有大量的氮气，但由于氮被强大的氮氮三键紧紧地结合在一起，所以不能直接使用。

幸运的是，根瘤菌（如佐比）和蓝藻等微生物是打破氮氮三键的专家，因此它们对地球上所有的生命都至关重要。它们将氮气（N_2）转化为氨（NH_3），这个过程叫作固氮。

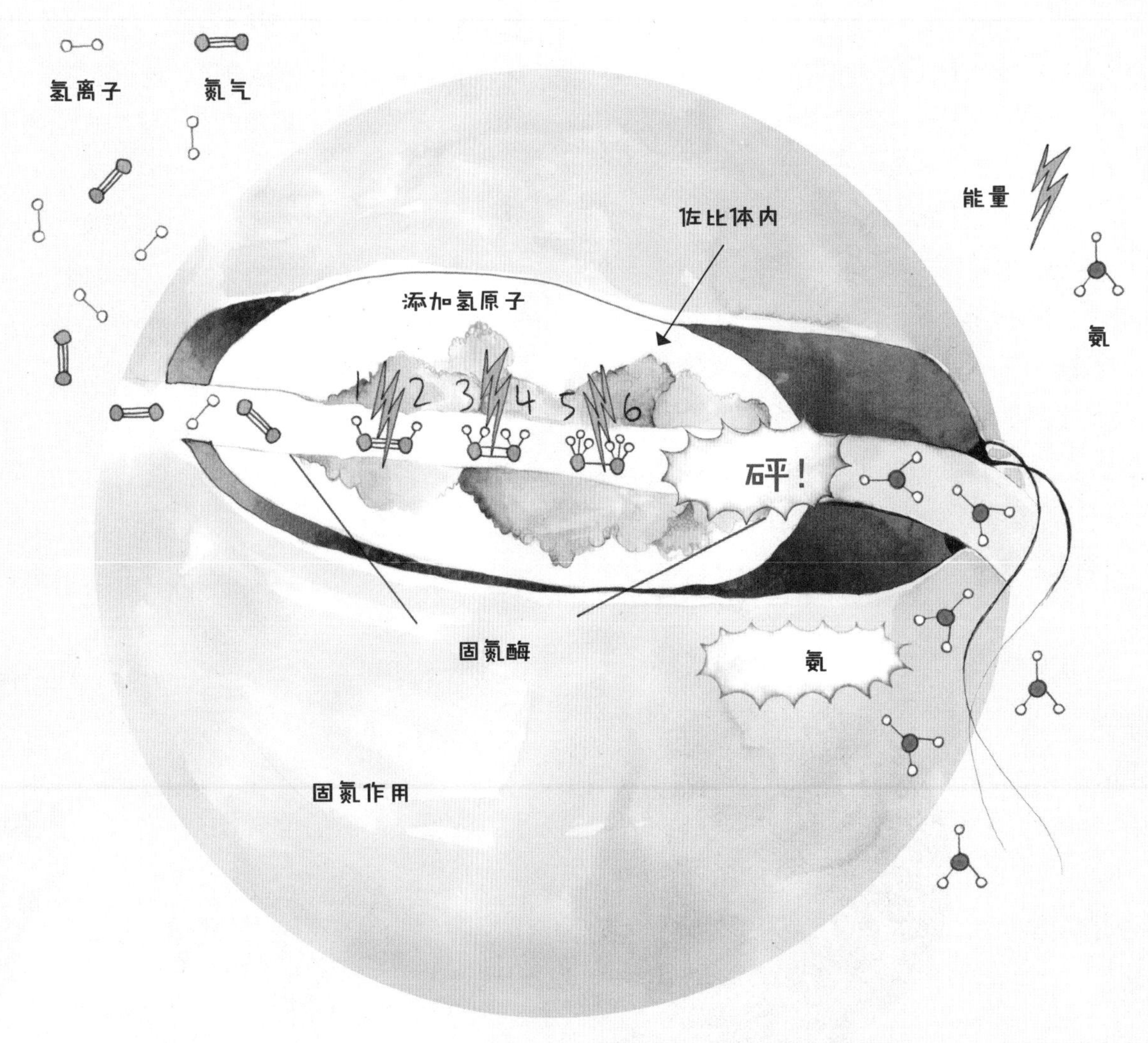

根瘤菌佐比

"她拿来一些氮气分子，然后加上一些氢离子。"（第09页）

固氮是把空气中游离的氮气，转化为化合态氮的过程，化学方程式是：

$$N_2 + 6H^+ + energy = 2NH_3$$

氮气　6个氢离子　能量　2个氨分子

只有少数几种微生物能够获得固氮酶，完成固氮过程。这些微生物包括一些古生菌，还有几种不同的菌群，如弧菌、蓝藻和根瘤菌。

"氨产生了。迪妮一口吞掉了这个氨分子，她看起来健康了一些。"（第27页）

所有的生命都需要一个固定的氮源，如氨。珊瑚虫通过捕猎和消化小型浮游生物，如桡足类动物和藻类，把蛋白质分解成简单的氮基单位，比如氨基酸，就可以获得一些氮。但是，只有当珊瑚虫喂养了很多的共生伙伴——尤其是饥饿的虫黄藻（像迪妮）时，氮气才能够分解转化。一些珊瑚虫也可以成为根瘤菌（如佐比）的宿主，根瘤菌可以为珊瑚虫固定氮（以氨的形式），来换取食物和安全的家园。这种共生关系，很像土壤中豆科植物的根与根瘤菌的关系。

"佐比和她的细菌家族，正在为达里安制造食物——氨。"（第09页）

在生命的最初几天，许多珊瑚虫体内，已经有根瘤菌进行固氮。更重要的是，如果珊瑚虫需要，根瘤菌甚至可以为它们制造额外的氨。也许这有助于解释，为什么珊瑚能存活超过2.4亿年。

佐比在所有生命的科学分类中处于什么位置?

域：原核生物　　目：根瘤菌目

界：细菌界　　科：慢生根瘤菌科

门：变形菌门　　属：慢生根瘤菌属

纲：α-变形菌纲　　种：根瘤菌

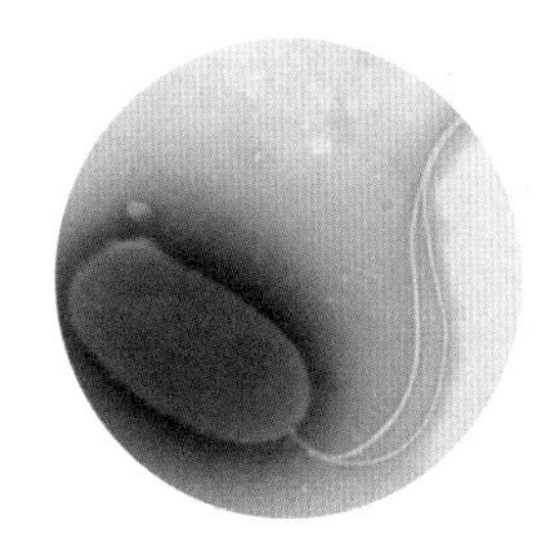

蓝藻赛依

"赛依是一位睿智的老者。"（第12页）

蓝藻（约30亿年）比珊瑚虫（约2.4亿年）更古老。许多蓝藻以链状生长，有几十到几百个细胞那么长。蓝藻的一些细胞可以通过光合作用固定氮（像根瘤菌一样）和碳（像虫黄藻一样）。这种不可思议的组合也许可以解释，为什么人们在珊瑚细胞中发现了某种蓝藻，而不是虫黄藻。

赛依在所有生命的科学分类中处于什么位置?

域：原核生物　　目：念珠藻目

界：蓝藻界　　科：念珠藻科

门：蓝藻门　　属：节球藻属

纲：藻殖段纲　　种：泡沫节球藻

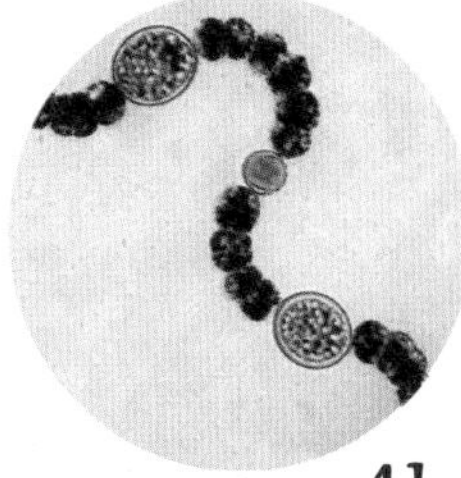

黏液是微生物和分子的家园

珊瑚虫和所有的动物一样，都会产生黏液。我们人类的身体里，每天也会产生很多黏液，比如我们的鼻子和肠道。黏液是一种分子基质，是由连接在蛋白质主干上的分枝糖构成的。这种黏性物质，是珊瑚虫特殊的细胞（黏液细胞）分泌的，就像一个盾牌，保护珊瑚虫免受海水中微生物的肆意攻击。

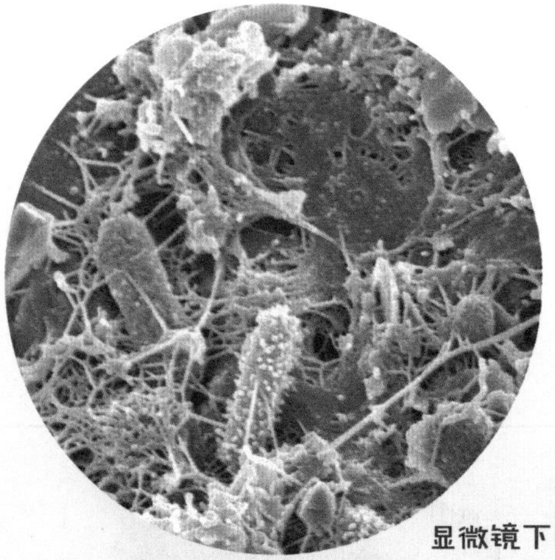

显微镜下的黏液

“数以万亿计的微生物，住在达里安的体内。”(第07页)

一只珊瑚虫体内，就有数万亿的微生物，它们分布在珊瑚虫的肠道和丰富的黏液层里。珊瑚群落中的微生物包括病毒、细菌、古生菌、真菌、原生生物，它们大多可以创造糖、蛋白质和DNA分子，并进一步增加黏液基质。

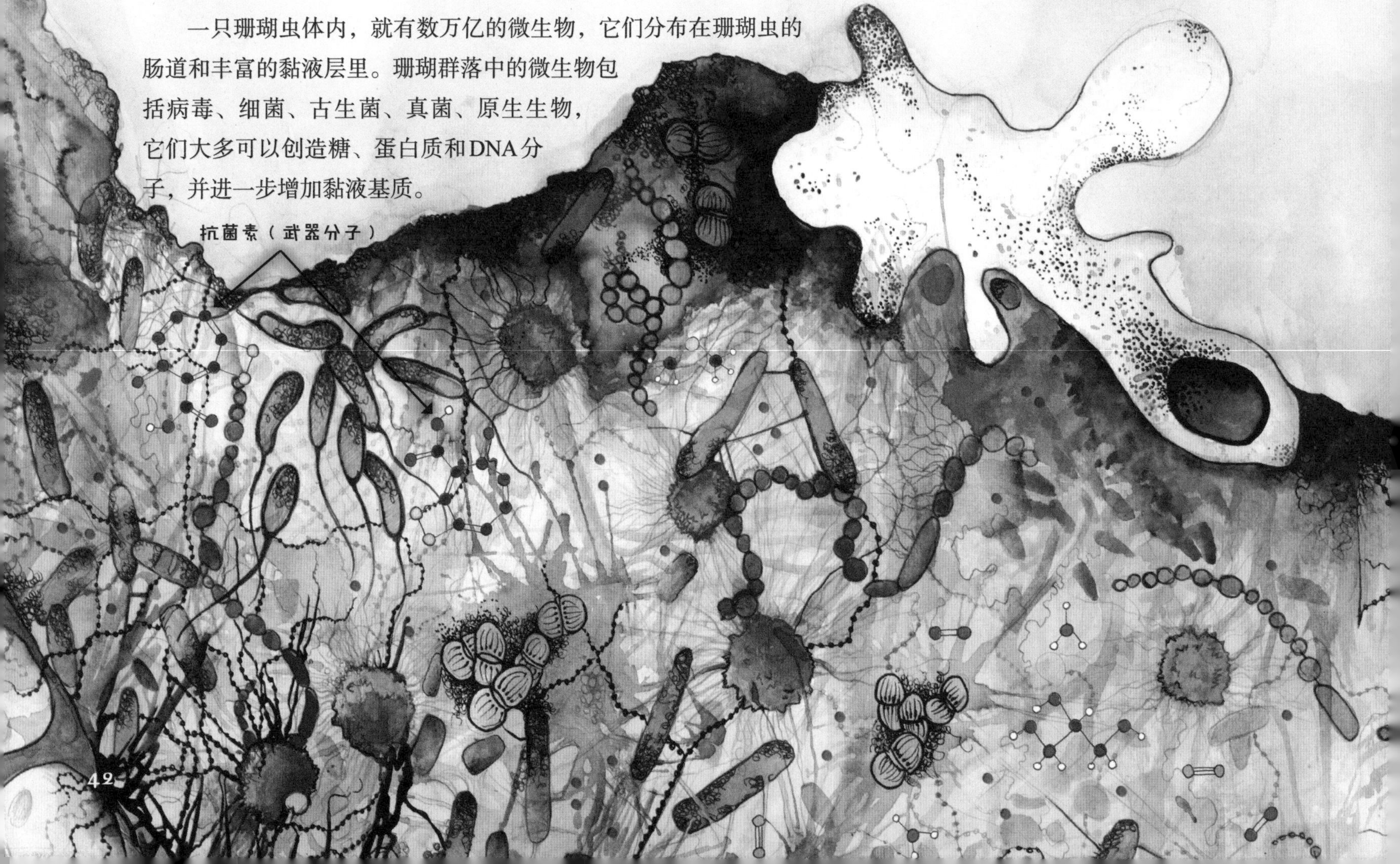

抗菌素（武器分子）

“佐比只能在一群微生物之间东躲西闪，他们正忙着吞食、回收利用和交换分子。”（第11页）

世界各地的珊瑚礁，都生长在浅海环境中，那里几乎没有可利用的营养物质。所以在每个珊瑚虫体内，微生物在循环利用营养方面都起着至关重要的作用，包括氮、硫、磷等都会被充分利用，没有任何浪费。

其中的一种含硫分子——由某些珊瑚细菌释放的二甲基硫（DMS）——可以进入大气层，然后形成天空中的“云”。

“佐比经过一群守卫细菌，他们正在制造某种致命的武器分子，这能保护达里安。”（第11页）

一些含硫分子被一些珊瑚细菌再次循环利用，形成一种叫对二硫辛酸（TDA）的强效抗菌素，保护珊瑚虫免受外界入侵。

“黏液非常稀薄，大家伙儿都太饿了，开始骚动。”（第23页）

当黏液中的微生物群落失衡时，细菌会利用N-酰基高丝氨酸内酯（AHL）分子协调行动，聚集在一起，导致珊瑚虫生病，比如出现白化现象。

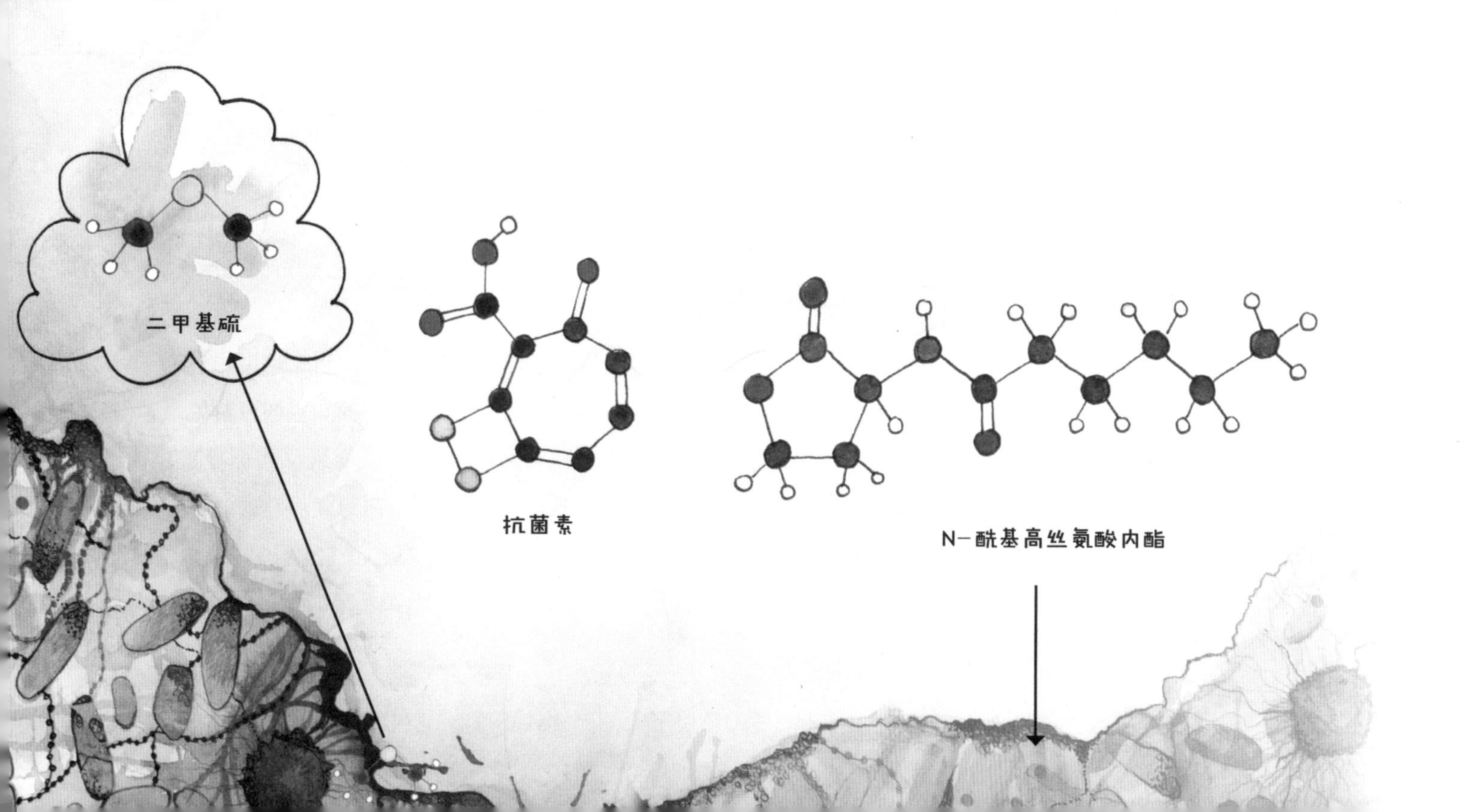

珊瑚白化

珊瑚白化是因为珊瑚虫失去了太多的虫黄藻而引起的。

白化是由环境压力触发的，包括极端温度（太热和太冷）、极端紫外线、从农场流出的化肥或除草剂、土地清理产生的沉积物、飓风后的淡水径流和某些化学防晒品。

在这个故事中，珊瑚白化是由热应激引起的。如果热应激的水平不太极端并且时间短，那么大多数白化的珊瑚会恢复。如果条件比较极端，大部分珊瑚将无法生存。

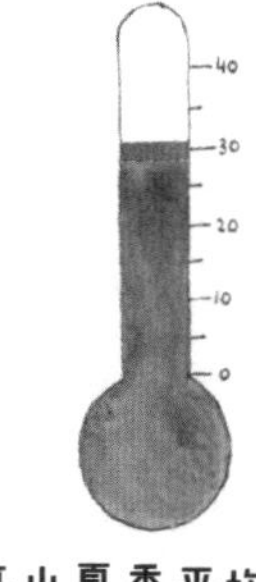

高出夏季平均温度2℃，引发珊瑚白化

时间线：佐比和虫黄藻的故事，经历了几周的时间。

第1天

“大海虽然依旧平静，但是太热了，热得受不了啦。”（第07页）

2到3周的低风条件，加上夏天炙热的阳光，导致海水的温度上升了1—4℃，使珊瑚白化。不幸的是，这种极端的天气越来越多地出现在大堡礁和世界各地的珊瑚礁中，特别是在夏末的几个月。

第10天

“这些讨厌的有毒原子团正在伤害达里安……它们来自大虫黄藻。”（第17页）

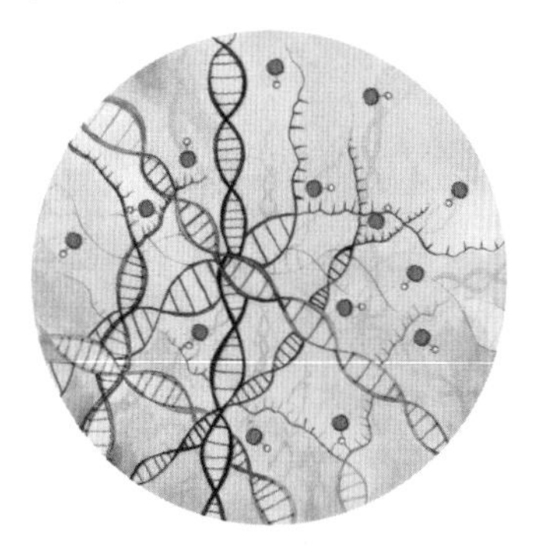

为什么珊瑚虫会杀死或赶走体内的虫黄藻呢？这仍然是人们研究的课题。人们认为，在长时间的压力下，虫黄藻会慢慢聚集起有毒的自由基原子团，从而对珊瑚细胞内的重要蛋白质和DNA造成损坏。

第15天

“他把成千上万只金黄色的虫黄藻喷入了大海。”（第18页）

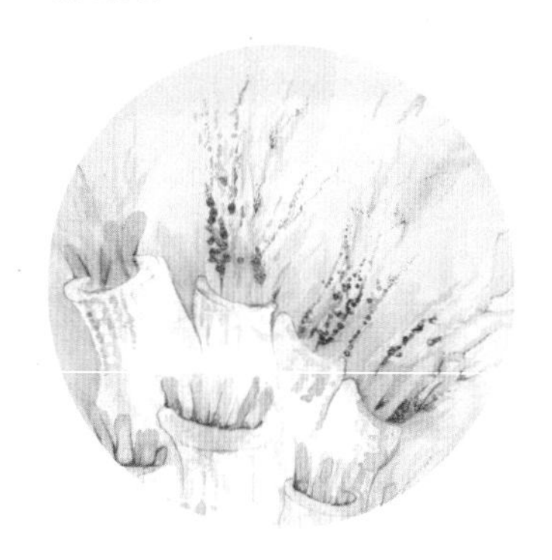

珊瑚虫通常会与抗氧化分子联手，一起清除少量有毒的自由基原子团。但是当它被太多的自由基原子团淹没时，它就开始去除细胞里的虫黄藻。

第20天

“……他的触须开始变白。”（第19页）

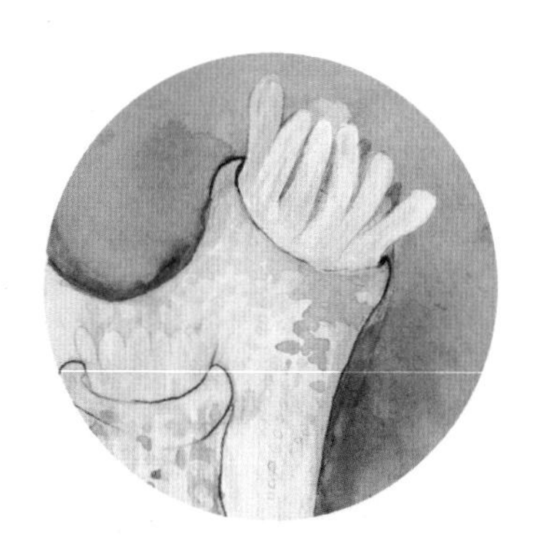

一旦珊瑚虫喷出了大部分五颜六色的虫黄藻，它们透明的组织就会显现出来，露出隐藏的坚硬的石灰质骨骼，使它们看起来是白色的。

生物多样性能不能拯救珊瑚礁？

并非所有的虫黄藻都一样。虫黄藻所属的共生甲藻属有九个广泛的种类分支，又统称为进化枝。大堡礁上的虫黄藻，主要种类是进化枝C。科学家发现包含进化枝D的虫黄藻（我们故事中的迪妮和她的女儿们）更耐高温。这可能是因为进化枝D光合作用的速度较慢，在热白化条件下，对珊瑚的压力较小。

尽管不同的虫黄藻各有神通，有希望为珊瑚提供一些条件来适应不断变化的气候，但这种惊人的适应性，可能只会使少量珊瑚免受热应激的影响。我们仍然需要迅速地开展工作，消除人类对珊瑚造成的伤害。

第25天

“那些大虫黄藻已经给达里安喂了很多糖，达里安需要糖来建造我们的家。”（第19页）

虫黄藻是珊瑚虫的主要能量来源，是生成保护性黏液，或者建造坚硬的珊瑚礁石所必需的微生物。为了生存，每个珊瑚虫都必须养护像迪妮这样存活下来的虫黄藻……或者可能的话，从周围的海水中吸收新的虫黄藻。

“一个黏糊糊、绿油油的小海藻向达里安爬来，威胁说要偷走他的阳光。”（第24页）

在温暖的海水中，珊瑚周围的海藻和海草生长得更快。如果珊瑚白化后，海水的温度仍然很高，海藻的生长将对珊瑚群施加更大的压力，珊瑚就更难恢复了。

未来痊愈　　或

“迪妮的女儿们又生了女儿，她们也开始工作。砰！糖制造出来了。”（第29页）

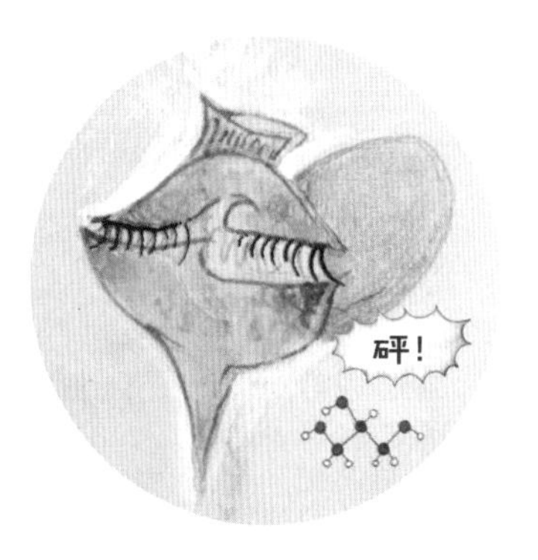

故事快要结束时，迪妮的小虫黄藻家族迅速恢复。但是，要想让珊瑚从白化中完全恢复，需要大量的能量，并且可能要长达一年的时间。

未来死亡

“它们已经变得破破烂烂的，上面覆盖着厚厚的、肮脏的海藻。”（第13页）

如果珊瑚群不能很快恢复正常的虫黄藻族群，它自己很可能会饿死，最后被黏糊糊的海藻和海草覆盖（如老波拉）。

术语表

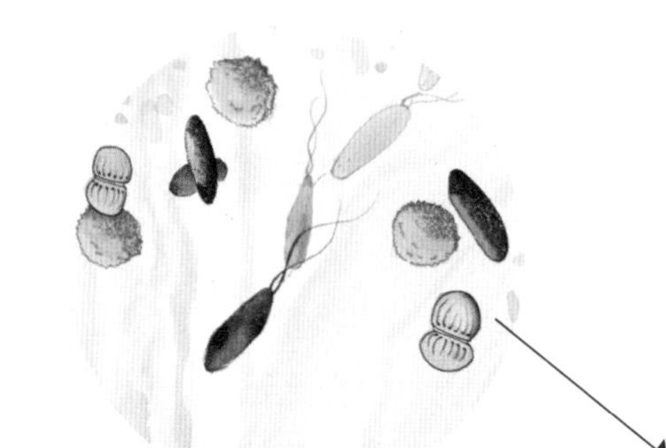

变形虫

一种单细胞生物，可见于所有类型的水中，包括水坑、河流和大海，土壤中也可见。变形虫的细胞膜能活动自如，就像“伪足”，可以用来移动和觅食。

细菌

最小的单细胞生命形式。它们通常长1至2微米。科学家已经对数千种细菌进行了分类，但据估计，可能存在数百万种细菌——只是我们还不知道它们罢了。它们有各种形状和大小，包括杆菌（杆状）、球菌（球形）、螺旋菌（螺旋状）和弧菌（逗号状）。

细胞

细胞一词来自拉丁语cella，意为小房间。细胞可以自我复制，是基本的生命结构。有些生物，如细菌和虫黄藻，仅由一个单细胞组成，而较大的生物，如珊瑚、鱼类、海藻和人类，则由许多细胞组成。

桡足类动物

在咸水和淡水中都发现了微小的桡足类动物。桡足类动物至少有13000种，它们都以小浮游生物为食。它们的外骨骼像虾和蟹的外壳一样坚硬，但是它们很小，通常是透明的。

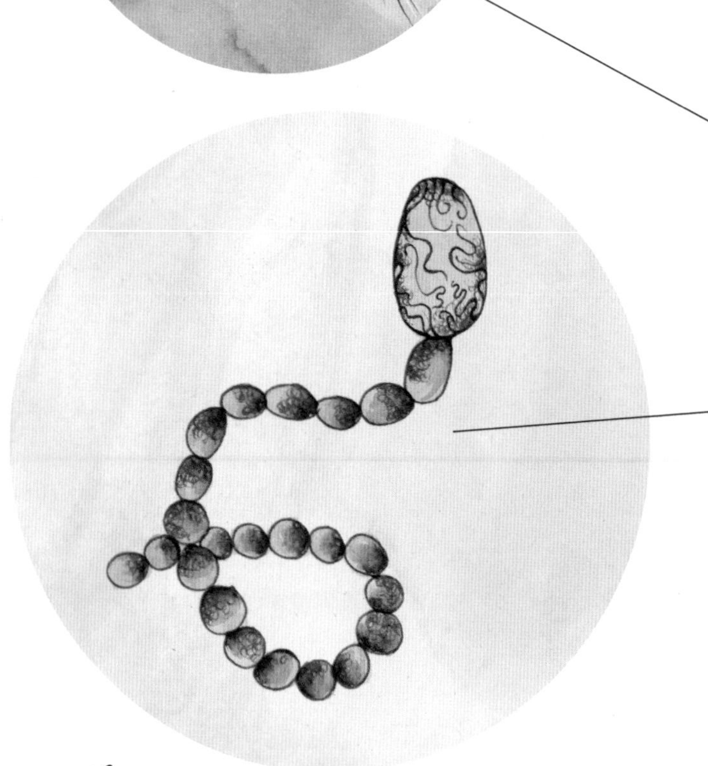

蓝藻

蓝藻是最大的光合作用细菌群，也是最古老的细菌群体之一——科学家发现了已有30多亿年历史的蓝藻化石。像赛依一样，许多蓝藻呈链条状，看起来有点儿像蠕虫，但实际上，这种链条状结构是由许多细胞连接在一起形成的。像这样结合在一起的微生物通常是可移动的，可以在海洋中滑动。早在10亿年前，蓝藻就已经拥有能够进行光合作用的结构，该结构就像所有现代植物细胞内的叶绿体。

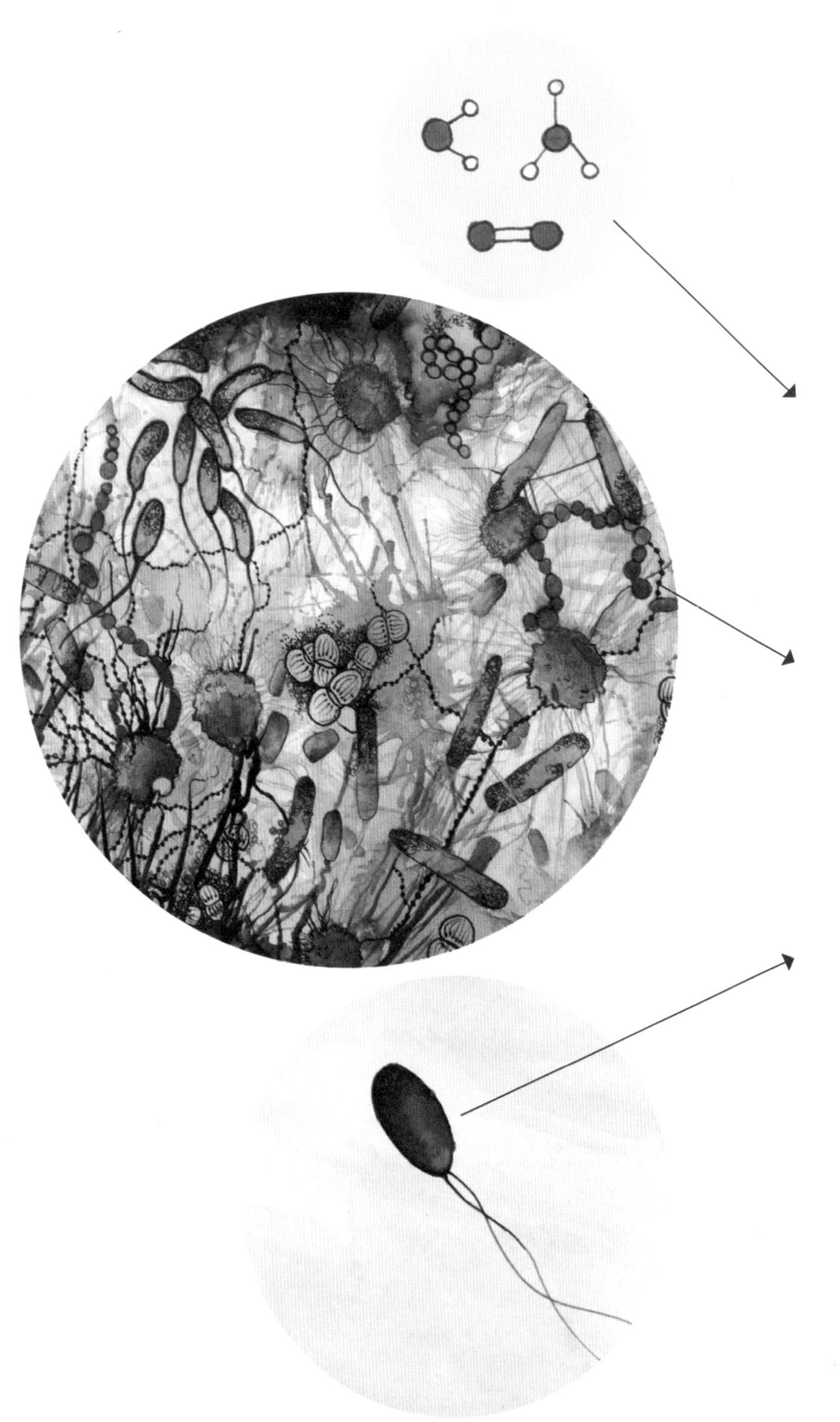

DNA

脱氧核糖核酸（DNA）是所有细胞生命体中用于编码遗传指令的大分子。

微生物

微生物指各种微小的生命，如细菌、真菌、古生菌、病毒和原生动物等。

分子

分子是由两个或多个原子通过化学键结合而成的。有些分子又小又简单，如氧分子（O_2）和水分子（H_2O）。有些分子则很大很复杂，如DNA。

黏液

健康珊瑚虫的外表面都覆盖着一层厚厚的黏液，其中含有糖和蛋白质。所有动物，包括珊瑚虫在内，都会制造黏液来培养有益的微生物，并防止病原体、无用的微生物和灰尘等的侵害。

根瘤菌

可以与土壤中豆类植物的根及海洋中某些珊瑚共生的固氮细菌。大气中的氮气若要转化成可用的氮，根瘤菌的作用至关重要。

虫黄藻

虫黄藻属于双鞭甲藻门共生甲藻属。虫黄藻是地球上最成功的生物之一，能够与很多海洋生物共生。从珊瑚虫、海葵和水母，到巨型蛤蜊、海绵和微小的原生动物，虫黄藻都能与它们和平共处。

珊瑚礁上的共生现象

珊瑚礁是地球上最具多样化的生态系统之一。在世界的海洋表面上，其占地面积不足0.1%，但是却容纳了超过25%的海洋物种。

每一平方厘米的珊瑚礁中都有生物。坚硬的珊瑚结构为这里所有的生物提供了完美的家园，其中包括软珊瑚、海绵、鱼、海葵、蠕虫、虾、鲨鱼、蛤蜊、鱿鱼、海星、海胆、海参、被囊类动物、海龟和海蛇。

珊瑚礁在营养非常贫乏的环境中繁衍生息，那里几乎没有有机物可供食用。当查尔斯·罗伯特·达尔文在1842年首次描述珊瑚礁时，他感到十分困惑，珊瑚在低营养的条件下，是如何生存的呢?

100多年来，这一直被称为“达尔文悖论”。

如此多的生命，在这么有挑战的环境中，是怎样生存下来的呢?
答案是通过协作。

像我们故事中的那样，有益的共生关系在珊瑚礁中很常见。低营养条件促使生命体必须高效地工作，还要消耗很少的食物。共生关系有许多例子，如小丑鱼和海葵，清洁虾和鱼，蓝藻为海鞘提供营养，还有海绵——礁石上的微生物旅馆。

但是，所有的珊瑚礁的核心都是珊瑚虫、虫黄藻和细菌之间的合作关系。虫黄藻和根瘤菌能够产生糖和氨，为珊瑚礁的生态网络提供重要的营养物质。

创作团队

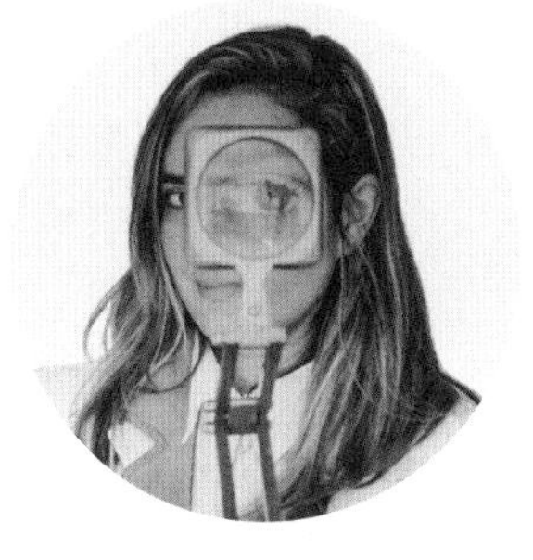

布里奥妮·巴尔

概念艺术家

自由标度网络艺术总监兼联合总监

布里奥妮利用她的技巧，对微观世界进行科学探索，使复杂的生态系统和看不见的世界可视化。

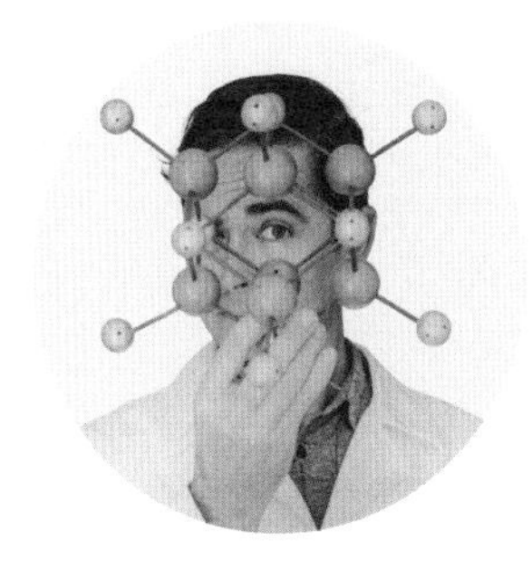

格里高利·克罗塞蒂博士

微生物生态学家

自由标度网络科学总监兼联合总监

格里高利将微生物学和科学教育技能相结合，告诉人们微生物是多么了不起。

阿维娃·里德

插画家、艺术家、视觉生态学家

阿维娃通过绘画和装置艺术，探索复杂的科学领域。

艾尔莎·怀尔德

作家

艾尔莎创作戏剧和图书故事。她喜欢与演员、科学家和儿童合作。

她最喜欢的问题：但是，这是为什么呢？

马托·卢卡斯　摄

我的微生物朋友系列（共4册）

本系列讲述的是微生物和更大的生命体之间的共生关系。

每一个故事，都是由核心创意团队在科学家、老师和学生的支持和反馈下共同完成的。

《我的微生物朋友：海洋的秘密》

一个关于短尾乌贼与费氏弧菌共生的故事，这种弧菌能帮助乌贼在月光下发光。

《我的微生物朋友：土壤里的王国》

一个关于在黑暗的土壤中生活的微生物的故事，一棵树痛苦地呼救，一些意想不到的英雄前来营救。

《我的微生物朋友：珊瑚的世界》

这本插图精美的科学冒险书，讲的是以大堡礁为背景，关于珊瑚白化的故事。本书由大堡礁上最小的生物为您讲述。

《我的微生物朋友：真菌地球》

一个关于真菌如何塑造地球的故事，由一个微小的真菌孢子讲述。

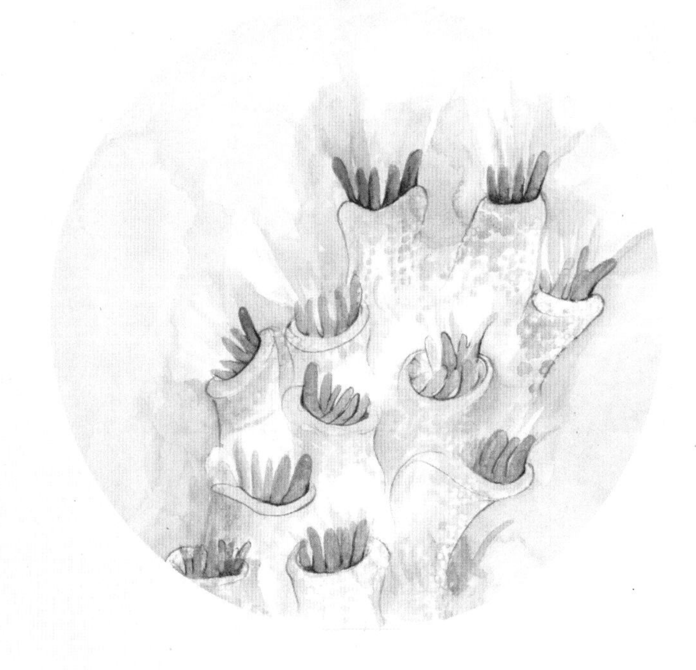

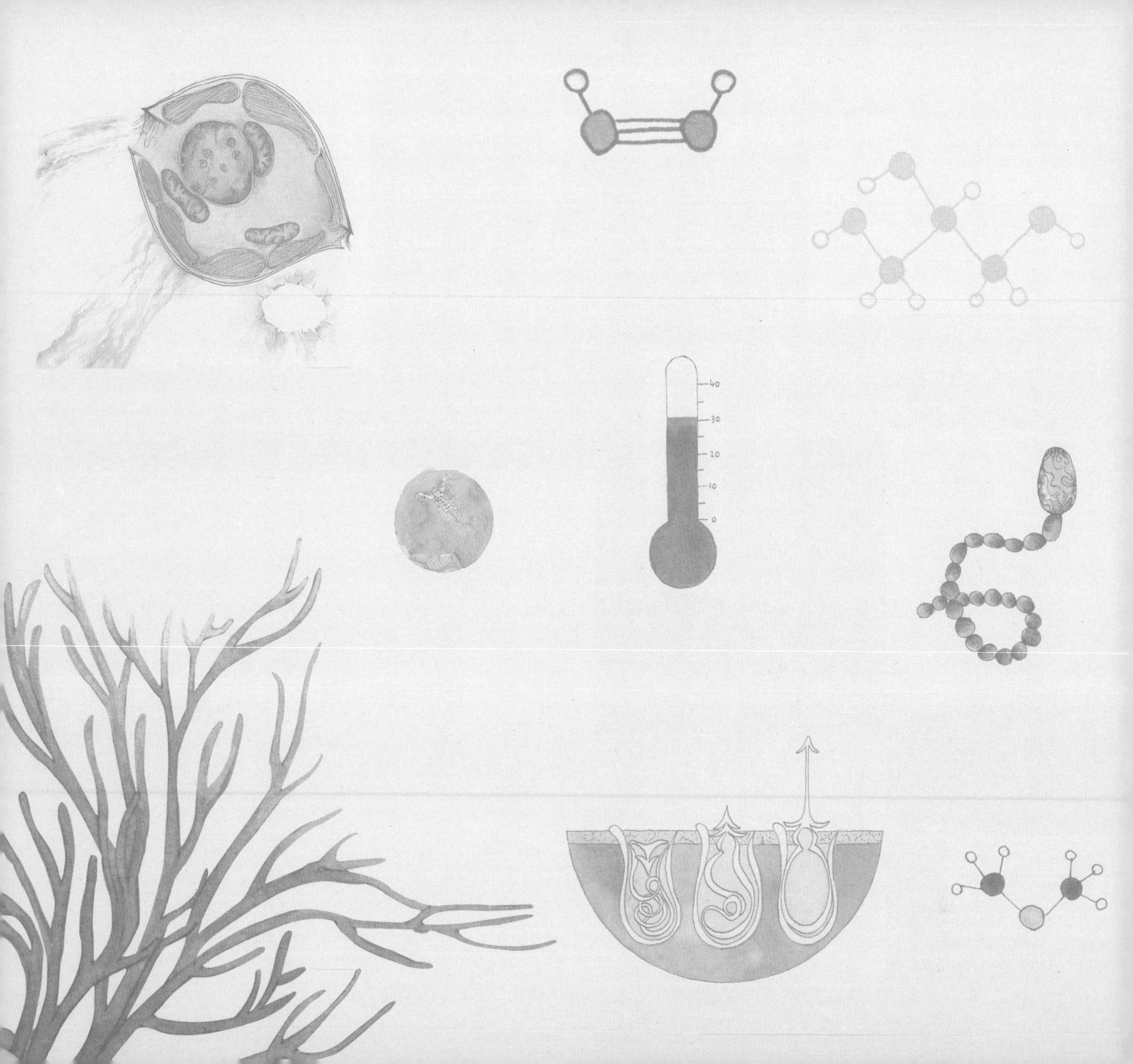
40
30
20
10
0